科学新知系列

可怕的科学
HORRIBLE SCIENCE

外星人的疯狂旅行
SPACE, STARS AND
SLIMY ALIENS

[英] 尼克·阿诺德/原著　[英] 托尼·德·索雷斯/绘　刘勇/译

U0257223

北京出版集团
北京少年儿童出版社

著作权合同登记号

图字:01-2009-4320

图书在版编目(CIP)数据

外星人的疯狂旅行 / (英)阿诺德(Arnold,N.)原著;(英)索雷斯(Saulles,T. D.)绘;刘勇译. —2版. —北京:北京少年儿童出版社,2010.1(2024.7重印)

(可怕的科学·科学新知系列)

ISBN 978-7-5301-2390-4

Ⅰ.①外… Ⅱ.①阿… ②索… ③刘… Ⅲ.①空间探索—少年读物 Ⅳ.V11-49

中国版本图书馆 CIP 数据核字(2009)第 195957 号

可怕的科学·科学新知系列

外星人的疯狂旅行
WAIXINGREN DE FENGKUANG LÜXING

[英]尼克·阿诺德 原著
[英]托尼·德·索雷斯 绘
刘 勇 译

*

北 京 出 版 集 团 出版
北 京 少 年 儿 童 出 版 社
(北京北三环中路6号)
邮政编码:100120

网 址:www.bph.com.cn
北 京 少 年 儿 童 出 版 社 发 行
新 华 书 店 经 销
三河市天润建兴印务有限公司印刷

*

787毫米×1092毫米 16开本 9印张 50千字
2010年7月第2版 2024年7月第49次印刷
ISBN 978-7-5301-2390-4/N·178

定价:22.00元
如有印装质量问题,由本社负责调换
质量监督电话:010-58572171

目 录

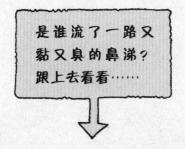

是谁流了一路又黏又臭的鼻涕？跟上去看看……

开始奇异的旅程

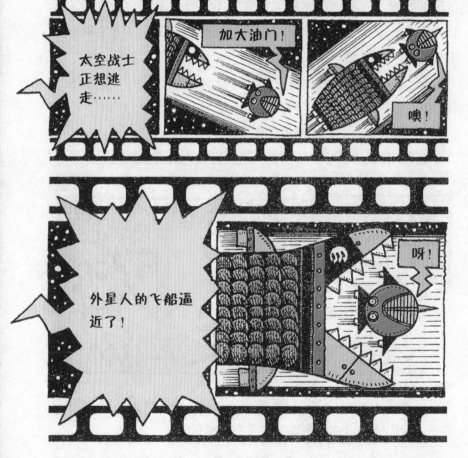

太空战士正想逃走……

加大油门!

噢!

外星人的飞船逼近了!

呀!

1

　　太空电影真的是非常精彩,不是吗?你很喜欢那些快速飞行的太空船、坑坑洼洼的星球,还有那些流着黏糊糊鼻涕的外星人吧,或许不止这些。但是有些缺乏幽默感的老师会对你说:"噢,那都是虚构的!"这不是很扫兴吗?不过,他们没有告诉你,原来外太空的真实面貌比最惊悚的太空电影还要可怕!

　　接下来,我们将大胆地冲上太空,到连科学书刊也没有提及过的地方去探索。我们的任务是要弄清楚，为什么太空那么可怕？为什么不穿太空衣在太空漫步足以使你的肠脏爆裂，使你的眼球从眼窝里"扑通"一声掉下来？

如果我们能在太空生存下来，我们就可以仔细考察那些死气沉沉的行星、热得嗞嗞叫的恒星和多不胜数的卫星，以及很多可怕的东西。我们可以从中了解到一些可怕的、令人作呕的和一些有趣的事实，例如……

▶ 太阳怎样唱歌？

▶ 为什么不能在太空打饱嗝？

▶ 哪些星星会把你变得黏糊糊的？

▶ 为什么组成你身体的成分是来自爆炸后的恒星残骸？

没错，沃特金斯，即使是你也有明"星"的潜质。

毫无疑问，所有这些事情都是千真万确的……哦，等一等……我们的太空专家路加·向尚有话要说……

嗯，这本书绝大部分内容都是正确无误的……

有关外星人的部分除外！

对！科学家们也不能确定外星人是否存在。因此你必须知道，书中外星人的故事都是我编造出来的。

提醒你——我们会寻找一切机会与真正的外星人见面。

本书的其他部分绝对真实——即使听上去有些难以置信。我希望你能把太空学当作一门超凡的学科，激发你去探索更多未知的事物。说不准有一天，你会成为一名太空人，到真正的太空去探险呢！

想看太空电影吗？拿好爆米花，找个位子坐好。好戏马上就要上演了！

繁星点点的太空

地球是茫茫深色宇宙里一颗蓝色的小球。这片深色的宇宙是那么黑暗，那么危险，就如同藏煤炭的地窖里有一只脾气暴躁的黑熊一样！接下来，我们将要揭露真实的太空究竟有多危险。但首先，让我们看看一些基本资料。

太空里飘浮着一些什么东西？

黏糊糊的太空档案

名 称：太空里的东西

基本介绍：这些是你在太空中看到的主要物体……

恒 星——由炽热气体组成的巨大球体。（事实上，我们的太阳就是一颗恒星。）即使是最小的恒星，也比最大的行星足足大80倍。（想了解多一点，请看第17页。）

真奇妙！

星 系——数以十亿计的恒星组成的漩涡状。

多么壮观！

那到底是什么？

行 星——由岩石或气体组成的、环绕恒星运行的庞大球体。行星环绕恒星运转一圈的时间叫作一年，行星在太空里自转一圈的时间称为一日。

太阳系——太阳和环绕太阳运行的行星所组成的集合体。

卫星——由岩石组成的、环绕行星运行的球体。

看木星那边！

小行星——环绕太阳运行的太空大岩石。大部分小行星集中在一个名叫小行星带的轨道上。（详细叙述见第87页。）

当心大岩石！

彗星

彗星——由岩石和冰块组成、在太阳系边缘环绕太阳运行的球体。其中有些彗星会飞近太阳。（想知道多一点，请把飞船驶到第124页。）

黏糊糊的秘密：如果你太接近某些星体，它们只会给你带来厄运——这些闪闪发亮的恐怖分子会把你烤成一摊黏液。（如果你感兴趣，并自认胆量超人，可以翻到第22~25页体会一下。）

这种"星级待遇"可不是碰撞的后果……

如果所有星星与我们的距离都非常近，我们只需花5分钟就可以飞到那里，这不是很好吗？可是事实并非如此——星星距离我们很远，非常遥远。想知道太空有多大，试一试以下这个实验吧。

取一粒沙（年幼的读者可以用大如昆虫眼球的玩具或者硬币代替，总之是用小得可怜的东西），把沙粒放在你的指尖上，伸直手臂，指尖朝向天空。

你还能看见沙粒吗？太好了！你的视力比我好！

现在，想象着你视力超凡的眼球就像一架天文望远镜一样功能强大，你正在对准和沙粒一样大小的天空中的一点进行观察。你能看到多少颗星星呢？

有以下三种可能：

a）什么也没有，天上空空如也，比圣诞节过后的小猪存钱罐还要空荡。

b）2颗星。

c）200万亿颗星星。

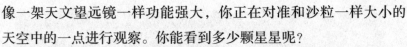

答案

c）。在太空中，每一片沙粒大小的区域上，都有200万亿颗星星，这是千真万确的。

现在我们休息一会儿，先来搞清楚一些天文数字

本书中出现许多天文数字，究竟这些天文数字有多巨大呢？看过以下的事例，你便会清楚明白。2002年，洗熨工人冠军崔尚

池在熨完第100万件衬衫后退休了。他以每小时熨36件衬衫的速度，整整干了53年，才熨完100万件衬衫。如果要熨10亿件衬衫的话，那么崔尚池先生得花5.3万年的时间。我希望你家里不需要熨这么多衬衫。

接着，我将要告诉你一些差点儿使我脑袋爆炸的事情，但我先要检查一下哈勃太空望远镜。自1990年起，这架威力强大的太空望远镜就一直环绕地球飞行，它探测了太空中一处极其细微的区域，结果真的发现了200万亿颗星星。我敢打赌，各家报纸一定会腾出大量版面来报道此事。（很大的位置——真的？）

太阳系☀日报

1996年1月15日

多么辽阔的太空！

哈勃太空望远镜的最新发现让科学家们惊呆了。

哈勃太空望远镜

即使是太空中极其细微的一点空间，也存在着2000个星系。

地面望远镜能够观测到数十亿颗星星，但是地球的云层和大气尘埃难免会阻碍观测的视线。而哈勃太空望远镜则在地球的大气层之外，因此拥有更清晰的视野。

一位惊魂未定的天文学家说："这使我感到自己非常渺小，简直太不可思议了！"说完她端着一杯茶，拿着止头痛药丸，走进黑漆漆的房间里。

不过这份报纸却错过了一个真正的大发现。这个发现大得足以使我的脑袋涨到要爆裂了……

啊！

警告！阅读以下内容前，最好佩戴一顶安全帽！

大发现（把安全帽戴好！）

用肉眼看天空实在没有什么特别的。但是如果你把哈勃太空望远镜对准天空的任何一处，你就会发现同样多的星星，那就是说……救命啊，我的计算机呢？我们估计太空中有400亿个星系——约有40万亿亿颗恒星，其中许多恒星或许还有行星环绕它运行——正如地球环绕太阳运行一样！科学家们估计，在我们的银河系约有10亿颗像地球一样的行星！不过请大家忍耐一点，还有更多更多……

以上只是哈勃太空望远镜能观测到的数量——但是很可能还有数十亿颗更遥远的星星，是哈勃太空望远镜观测不到的。

其实，哈勃太空望远镜观测到的一些星体，是以每秒30万千米的速度飞行了上百亿年才到达我们这里的。我猜它们一定是"旅行星体"吧，哈哈！无论如何，这些东西已经够让人头痛的了。嗯，我希望你的脑袋不要冒太多烟！

关于自己

不过在我继续讲解前，有必要说一说我们在太空中的位置，啊哈——我们就在这里……

你看到的正是我们所在的星系——银河系。如果你在晚上身处一个非常漆黑的地方——例如乡村的某处，那里远离路灯，你就可以看见银河系。它看上去像是从一个巨大的婴儿嘴里流出的一摊乳白色的口水，流淌在夜空中……

那当然不是牛奶，而是星星，事实上是1000亿颗星星。由于你是从侧面观察，它们看来像挤压在一起似的。（想象一下从侧面观察盘子的情景，就能明白这个道理……）

银河系的直径大得惊人，长达10万光年。（一光年就是光或无线电波在一年中行进的距离——大约是9.46万亿千米，计算误差在一两米左右。）相隔这漫长的距离，与外星人通过电话聊天肯定会很沉闷的。

我的意思是，从银河系致电与外星人聊天，哪怕是很简短的通话，也要花上一万年的时间，而且你的电话费将是一个天文数字！

你们这些调皮鬼一直在跟外星人通电话吗？

不过，尽管银河系大得不可思议，它也只不过是本星系群中40多个星系中的一部分（虽然称为本星系群，可是它的直径也有300万光年），而本星系群也只不过是400多个星系群之一，这些星系群合称为本超星系团。因此，如果想给外星人写信，我们的邮寄地址全称是……

地球

太阳系

猎户座的"胳膊"

（就是那个向外伸出来的漩涡部分）

银河系

本星系群

本超星系团

宇宙

噢！对不起，我忘记邮政编码了

亲爱的地球生物：

终于找到你们了！有空一起去喝下午茶！

爱你们的外星人 × × ×

提醒你，太空大得非常可怕，这张明信片可能要经过数百万年才能寄到地球人手上。

好了，现在我们知道太空真的是奇大无比，可是这里有一项令人振奋的统计数字。这个数字并不能表示太空有多么广阔，却可以表示它有多么空旷！科学家们说，太空中99.9999%都是空的——也就是什么也没有，空空荡荡，没有一丝生机。太空几乎是空无一物的……嗯，是一个空间！换句话说，如果把太空看成是一个宽30千米、高30千米的房间，把所有恒星、星系、行星和从宇宙雪糕屋买来的黏糊糊的雪糕揉搓在一起，也只有一粒小得不能再小的沙子那么大。

我们就起源自这么一丁点儿吗？

嗯，现在你对太空已经略有认识，我想你一定迫不及待地要穿上太空衣，想亲身到太空去见识一下！

慢着！你不会认为，你这样就可以乘坐价值数十亿美元的太空船呼啸升空吧！

在进入太空之前，你必须要接受好几年的训练。不过在等候训练课程开始时，你可以随时阅读以下这个非常好看的太空故事。你猜猜里面有什么内容？故事的第一章会揭示太空的真面目……

精灵泡泡外星人探险团

大家好！我是来自泡泡星球的精灵泡泡……我以前是一位太空探险家，不过现在经营星际探险假期这门生意。下面是我的宣传单……

想抛开一切烦恼，
请参加精灵泡泡探险团！

乘坐由专人驾驶的豪华太空船，在导游的带领下，惬意漫游太阳系！

1. 由聪明绝顶的（长着两个脑的）导游带领——那就是我——精灵泡泡。

2. 所有活动、探险和娱乐都适合一家大小参与！

3. 欢迎任何种类的外星人参加——只要你付费并保证不互相残杀！

4. 探索九大行星、太阳和很多不同的卫星！

5. 尝试感觉超爽的太空漫步（将提供太空衣）。

星系中最优质的度假旅程！
精灵泡泡 泡泡星球（绝无分店）

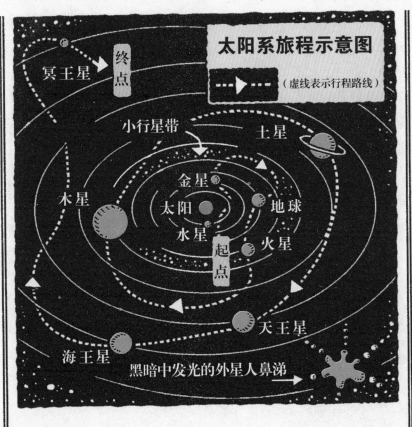

安全细则：

1. 精灵泡泡将会提醒你在游览每一个星球时，可能遇上的危险。因此，如果你在途中遇害，可不能责怪精灵泡泡。

2. 如要离开太空船，务必要穿上太空衣。万一忘记了，你只能在临终前的几秒钟，希望自己来生有好的记性。

13

重要的科学笔记

嗯——看来精灵泡泡的太空船比地球上任何已知的交通工具都要快。我们人类的太空船在行星之间飞行，需要花上好几年的时间。举例说，无人驾驶的"航行者二号"太空船于1977年发射升空，直到1989年才到达海王星——足足花了12年的时间！

　　我的故事始于我为一个外星人家庭办理旅行登记。他们想到太阳系去旅游，不过却有点冒失……甚至把鼻涕流到我的宣传单上。

　　这就是外星人一家，黏液懒虫是来自虫虫星球的鼻涕虫，她不是宇宙间最聪明的外星人。

　　这是她的小宝宝——湿落皮。小宝宝住在蛋壳形

> 我的脑袋哪儿去了？

> GOOGOO——
> 我说你好啊！

的太空舱里，100年后，她便会破壳而出，长成一条像黏液懒虫一样的成年鼻涕虫。

　　旅程的第一天，我尝试让她们适应太空的生活。可是事情一开始就很糟糕……我们第一个舱外活动是太空漫步，黏液懒虫却忘了带一些重要的装备……

> 大家准备好了吗？

> 你说得对！我就是想呼吸新鲜空气！

> 你忘了穿太空衣！

不一会儿，黏液懒虫就受尽了在太空中没穿太空衣所带来的折磨。

太空温度可以低至零下100摄氏度，足以把皮肤冻成硬邦邦的；太阳光亦可以高达120摄氏度，足以把皮肤烤成脆片。黏液懒虫身体的一面被冻得像黏糊糊的棒棒糖，另一面却被烤成了脆片。

由于太空没有空气从外压着黏液懒虫的身体，她体内的空气开始向外挤压，她的肠脏、肺部和眼球快要爆裂了。在没有气压的情况下，她的血液和体液就像黏糊糊的豆汤一样翻腾起来。

太阳发出的致命射线，就是通常说的辐射线，对黏液懒虫造成了极大的伤害。不久她就会从内到外被烤熟，像一只在微波炉里烘烤得胀鼓鼓的火鸡。我迅速把黏液懒虫拉到安全的地方，她在太空船的医务室里经过几小时的治疗后，终于恢复了原来黏糊糊的旧模样。

15

另一则重要的科学笔记

看来鼻涕虫的体格具备难以置信的康复能力，任何人类遇上这种情况，早就一命呜呼了！

现在你明白了，太空的危险多不胜数——不过至少有些星星还是赏心悦目的。利用哈勃太空望远镜观察，我们可以看见一片美丽、清晰的景象。其实，你不必走进太空去看那些星星……用一件硬东西砸一下头就可以了（虽然这不是一个好主意）！

或者，你也可以把望远镜对准下一章看看。

令人惊讶的恒星

要观察恒星很容易，不过要解释恒星的秘密就不那么容易了。也许你会马上想到几个问题……

> 恒星是怎样诞生的？

> 恒星是怎样运行的？

> 它们都一模一样吗？

够了，够了——这里有一些答案，让我们从头开始说吧（比从尾开始说好）。恒星是怎样诞生的？为了寻找答案，我特意安排了一次专访，受访者是我们的友善之星——太阳……

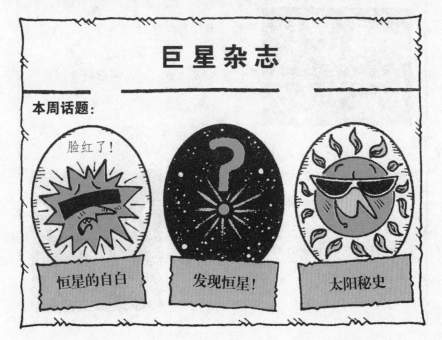

巨星杂志

本周话题：

脸红了！

？

恒星的自白   发现恒星！   太阳秘史

太阳秘史

记者 兰德尔·史简度

他绝对是太阳系之中最大的星球——他的一生充满传奇。我采访他时，他在太阳系中心的专用豪宅里，心情像晴天的阳光一样美好。对于这个 46 亿岁高龄的巨大氢气球体来说，他的气色不算太坏。

兰德尔：您是怎样成为一颗大恒星的？

太阳：一切都历历在目，就好像昨天刚刚发生一样。不过那不是昨天的事——已经是 46 亿年前的事了。

兰德尔：那么一切是如何开始的？

太阳：当时我什么也不是，只是一个由尘埃和气体组成的大云团，我就像流浪者一样在太空飘浮。

兰德尔：是你把自己聚成一体的？

太阳：你认为是吗？我不肯定发生了什么事，但是我估计是有颗飘流过的星体推了我一下，从那时候我开始把气体和尘埃聚集起来，慢慢成为一个球体。那时我开心极了——我是一个球了！我就是这样逐渐形成的，直至后来变成了明星！

兰德尔：然后呢？

太阳：当我变得越来越大，就变得越来越热——到了这时候，我才真正发光！

兰德尔：作为明星，你的成功秘诀是什么？什么是你真正的动力？

太阳：嗯，我想如果你要成为明星的话，一定要有些特质……

兰德尔：那是什么？

太阳：有足够大的引力，大到可以使你的氢挤压成一种新的物质——氦。我把这种本领叫作明星的特质！

兰德尔：就是这种特质给你提供能量？

太阳：有些氢气转化成了热能和光能，这当然能使我精神焕发！

兰德尔：但是在初期，成功并非易事——你花了数百万年时间才成为明星的。

太阳：是啊，的确很艰苦！

兰德尔：与此同时，你的行星也逐渐形成……

太阳：是的，他们是我云团以外的部分，也是我辉煌成就的一部分。

兰德尔：明白了。噢，我给晒伤了。

光芒！

嗯，太阳的记性真不错！地球和其他行星的确是由尘埃和气体组成的小块云团演化而来的。这些小块云团聚集形成小岩石，小岩石聚集形成大岩石，之后形成小型行星。很多小型行星互相撞击，逐渐凝集，形成了今天的行星。

　　这时候，我打赌你一定会问这个问题：在恒星和太阳系的形成过程中，究竟是什么力量把尘埃、气体和岩石拉扯并聚集在一起呢？没有这种力量。我们就不会生存在这里了，我想这种力量应该有一种吸引作用。嘻，这就是答案了——是一种称为引力的力量！

主宰一切的引力

　　如果要了解太空和太空里的事物，认识引力这个概念是非常重要的。要懂得什么是引力，你才能读懂这本书的其他内容。不过，这个引力的概念是带点科学化的。

噢！别再叫了！

警告——科学事实来了！

黏糊糊的太空档案

　　名称：引力
　　1. 引力是一种宇宙间所有物体都会产生的力量。

引力！

2. 引力遍布太空，牵引着所有物体。

3. 地球的引力把你拉向地球，你的引力也把地球拉向你自己！

你的引力　地球的引力

4. 离地球越远，地球对你的引力就越小。不过即使你在与地球相距数十亿千米的地方，引力仍然起作用。正因为如此，太阳的引力才使太阳系中的行星不会跑到外太空去。

黏糊糊的秘密：

体积和质量越大，引力就越大。这就是在你跳起来的时候，为什么地球（质量比你大）会把你拉回到地面上，并带来痛苦的下场……

粉身碎骨！

好了，引力就是这么一回事。接下来，你将有机会亲眼看到一些恒星，不过我还是先来说一说，那些大概有太阳10倍那么大的恒星的恐怖情况吧，这些超重的星球有些可怕的习性……

险恶的超级巨 "星" 的秘密

大质量恒星往往是一个大麻烦。你相信吗？——在它们形成恒星之前，宇宙就被这些杀伤力极强的大型星体弄得混乱不堪！各种大小的恒星都是从尘埃和气体组成一个庞大的云团形成的（见第18页的太阳秘史）。但是，当一颗大质量恒星形成时，它会用气体攻击其他可能成为恒星的 "小同伴"，把它们炸成碎片。

大质量恒星也是个贪得无厌的气体吞食者。它们比小一些的恒星（如太阳）产生更多热能，把氢挤压成氦的速度也较快。经过1100万年以后，大质量恒星由于自身的引力，向内部塌缩。

大质量恒星的核心会再次向外反弹……结果撞到正在向内部塌缩的外层部分！

巨大的撞击使大质量恒星发生强烈的爆炸，解体成气体和尘埃的混合物，发出比恒星的亮度亮上千亿倍的光！这时的恒星称为超新星，它是一颗真正的超级巨"星"，非常引人注目。你或许认为，这样就完了，毕竟，险恶的大质量恒星被炸成了碎片。但是一切都结束了吗？

你知道在那些恐怖电影里，本来以为被消灭了的恶魔往往会起死回生的情节吗？这些情节就发生在现实生活中的大质量恒星身上……

大爆炸后，恒星的核心继续收缩，但是它没有被消灭——如果恒星剩余的核心质量到达某一个标准，便会变成一个吓人的小恶魔，它的名字叫中子星。

咯 咯！

中子星的直径只有20千米，你或许以为它太小，没有什么威胁性。但是只要靠近它，你会发现……

中子星重得难以置信，因此它拥有无比巨大的引力。如果你在中子星上着陆，你会发现即使是一摊鼻涕也会有100万吨重，不在你的手帕上留下一个大洞才怪。

地球上的房子

咚！

中子星上的鼻涕

嗖！

23

你想在中子星上度假吗？

恐怖假期推介……

中子星酒店

登记入住超凡的一星级酒店……

欢迎！

独一无二的大气层！中子星的大气层非常厚，距离地面只有2.5厘米，你至少可以尝试一整天躺在酒店里拼命呼吸的滋味！

喘——喘气！

在我们豪华的健身室里锻炼身体，即使是一个抬头的动作也需要消耗比攀登珠穆朗玛峰还要多的体力。

啊——啊——！

中子星酒店必定令你流连忘返。即使你不愿意——引力也会把你拉回来！

　　有些中子星叫作脉冲星，特点是自转速度极快，不到一秒钟就能旋转360°，它们会发射出无线电波，像旋转发光的太空警报器一样。

　　不过有一种中子星似乎很悠闲，我说的是麻烦的、危险之极的磁星。

　　磁星就像一块巨大的磁石——但是你不会想把它放在电冰箱上。假如磁星取代了月球的位置，其磁力足以把地球上一切磁性金属吸走，你爸爸珍藏的古典音乐录音带也会被"清理"得一干二净，不过这只是一件有趣的小事……

可怕的是，这种磁力能破坏地球人身体每个细胞的微电磁场，把所有人变成一摊肉酱，这可不是开玩笑的！

不过，对于那些比太阳重20倍以上的真正的大质量恒星来说，将要面临一个更恐怖的下场：磁星看上去温暖蓬松，不过那些剩余核心质量比中子星还要大的大质量恒星，在经过超新星爆炸后，会塌缩形成一个……恐怖的黑洞！走进黑洞就等于自掘坟墓——如果你想试一试的话……

恐怖假期推介……

黑洞酒店

你不想试试"跳进"这个充满乐趣的黑洞吗？

这不是一个普通的洞，而是一个在太空中的洞。它有让人无法抗拒的引力！一旦被吸进去，你便能享受一次快速的分裂！对了，准确来说是几次的分裂，因为你的身体会先被拉成长条，然后压烂，变成比针头还小的碎片，然后永远消失……你会被压得粉碎……

没错，变成非常微小的碎片！

哦，你不希望在一个洞里度假吧？什么？你宁愿用牙刷清洗马桶……好吧，振作点儿！

星际物质与人体成分

你知道吗？那些大质量恒星爆炸也不一定会带来坏影响的。我想，你一定不知道人体大部分都是由恒星爆炸的碎片组成的！以下就是发生在你体内的难以置信的故事……

像其他恒星一样，大质量恒星不断地把氢挤压成氦，这个过程本来是很愉快的，但事情不总是这样。当大质量恒星温度过高，即将要爆裂时，它会把越来越多的物质挤压在一起，制造出大量其他物质。人体肺部的氧、血液中含的铁和体内含的碳都是在你出生前的数十亿年前，在一次恒星爆炸中形成的。

知道了这么多，现在你终于可以亲眼观测星星了。是的，兄弟姐妹们——是观星的时候了！

可怕的科学吓人观星会

每天晚上看着宇宙间令人目不暇接的星星表演——现在你有机会加入观星智囊团，与人们一起用眼睛探索太空了，欢迎加入可怕的科学吓人观星会！

观星必备物品

一双眼球

保暖的衣服，比如厚袜子、祖母织的难看的围巾

无风的晴朗夜空

铅笔和记事本

望远镜或双目显微镜（可省略）

可怕的科学
外星人的疯狂旅行

本书

一个成年人

手电筒——可以使你在黑暗中阅读此页

靠背椅和毯子（可省略）

重要提示

一定要有大人同行。记住，大人也很胆小，不要带他们走错路，也不要撇下他们不管！

接着……

1. 带上你的所有装备（包括那位大人），到远离路灯的黑暗处。

2. 仰望夜空，如果你坐在靠背椅上，可以假装在享受着日光浴——或者说"星光浴"？如觉得冷，把毯子裹在身上。

一切都准备好了？棒极了！

第一次太空观测马上开始！

27

足不出户漫游银河系

1. 让我们看一看猎户星座，它的样子就像下图所示（最佳观测时间是圣诞节后）。

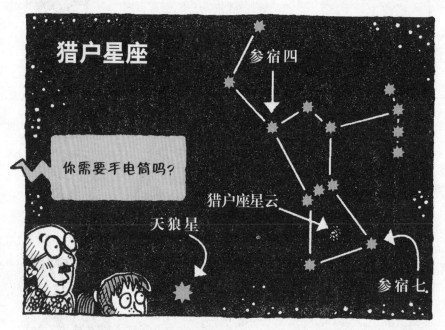

2. 你看到夜空中最亮的那颗星——天狼星了吗？它距离我们有8.6光年，比太阳亮23倍，你没有惊叫"啊——我的眼球呀"的唯一原因是：天狼星距离我们太遥远了，没有多少光芒照到地球上。

3. 现在让我们来看猎户星座……星星有不同的颜色，温度低的星星可能是红的，温度高一点的星星是蓝白色的。大多数星星的颜色模糊得不容易看清，不过如果你仔细观察，你仍然能看到猎户星座的一些星星：

▶ 参宿七是一颗巨大而炽热的蓝白色星星，距离地球900光年，比太阳亮10万倍。

▶ 参宿四的温度比太阳低，但是体积是太阳的800倍，亮度是太阳的1万倍，幸好它距离地球约650光年远。它是一颗"红色超巨星"，你或许看到它是橙红色的，十分诱人。其实，这是将来太阳灭亡时其中可怕的一幕，到那时，太阳将膨胀变大，同时把地球烤熟。（想知道多一点儿，请看第133页。）

▶ 猎户座星云看上去像一小团闪烁的云——只有在夜空很黑的情况下才能看到。它距离地球1300多光年，属于一个直径有100光年的更大更暗的星云的一部分。它就像一间育婴房，孕育出可爱的婴幼星星——你甚至能看见婴儿星星在一闪一闪地眨眼睛。下一个出生的漂亮婴儿会是谁呢？

给南半球读者的提示

除了南极，全球都可以观测到猎户星座。不过对于赤道以南的观测者来说，他们所看到的猎户星座的样子正好跟书中所示的倒转。因此你只要把星座图反转过来看就可以了；如果你想挑战高难度的话，你也可以倒立着观测！

除了观测天狼星，你可能也想看一看老人星，请看下图：

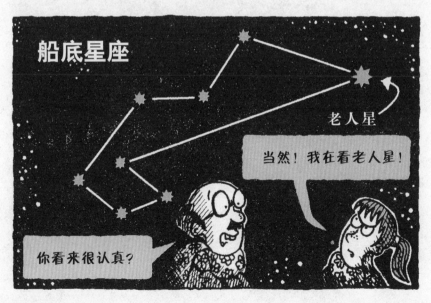

这颗巨星比太阳亮1.2万倍，距离地球300光年，坐飞机去那里实在太远了，祝旅途愉快！

你肯定不知道!

2001年，天文学家在银河系中心附近发现了一团巨型的、充满酒滴的醉醺醺的星云在飘浮。一些喝得醉醺醺的科学家正尝试预订一艘太空船去那里过一次酒瘾。

不过我们没有兴趣一起去，因为我们还要看一颗最重要的恒星。它位于太阳系的中心，地球人赖以生存的光和热都来自它。现在就翻到热腾腾的下一章，阅读一些新鲜热辣的资料吧！

吓人的太阳

太阳与银河系其他数百万颗恒星一样，是一颗普通的黄色恒星，它一直拥有惊人的威力，令人惊叹不已。太阳光充满神奇力量，对我们这些地球人非常重要……

关于太阳的六项惊人数据

1. 太阳温度极高，太阳中心仅仅如针头大小的部分所释放出的热量，就足以将160千米以外的人热死。真是不可思议！

2. 想象有一块厚2.5厘米的冰块，即使相距太阳1.5亿千米远，太阳的高温也可以在2小时12分钟内把它融化掉。

想想吧……太阳每时每刻都在向四面八方释放热量。

假设你在距离太阳1.5亿千米远的地方，建起一堵厚2.5厘米围绕太阳的冰墙。

即使冰墙的长度达9.49亿千米——太阳也只需耗费你欣赏一部电影的时间，就能把它全部融化掉。融化啦！

3. 热得嗞嗞叫的太阳每秒要耗费5.64亿吨氢燃料，我肯定太阳家族所付的燃料费是个天文数字！太阳每分钟有2.35亿吨氢转化成能量，相当于在一秒钟内消耗100万只大象的能量！壮观极了！

4. 太阳（及太阳系，包括我们在内）正以大约每秒230千米的速度围绕银河系的中心旋转，听起来很快吧！的确如此。但绕行银河系一周仍然需要2.25亿年时间——这称为一个宇宙年。时至今天，太阳已经绕行银河系20周了——这就是说太阳有20个宇宙年那么老，难以置信吧！

我的年龄是20个宇宙年。

斑点先生（年老的科学老师）

我的年龄是7个宇宙秒。

5. 太阳会唱歌。是呀——是真的！太阳的表面一起一伏地震动，产生的震荡波就像在空气中传播的声波一样。可惜的是我们听不见太阳唱些什么，因为太空中没有空气传播声音，而且，太阳的歌声对于我们地球人的耳朵来说，实在是太低沉了。科学家们曾经利用电脑模拟太阳发出的声音，并且提高了它的声调使人耳能够听到。那是一种低沉的隆隆声——就像一头饥肠辘辘的河马在喊肚子饿一样。真是匪夷所思！

6. 太阳会放射无线电波。无线电波是另一种能量的形式，就像光或辐射线一样。喜欢唱歌的太阳或者会选一首单曲，在它自己的无线电台上播放呢！真是骇人听闻！

但是，太阳最使人惊吓的事情，莫过于如果失去了它的热和光，那么整个地球将会永远陷入漆黑之中。不用多久，地球会变得异常寒冷，万物凋零。所有依靠植物为生的动物会由于缺乏食物相继饿死，我们人类也将无处觅食。那种情景简直惨不忍睹——连熊都会对你说……

不过，尽管太阳举头可见，而且无比重要，我们却不能直视它……

嗯——听上去太阳有点危险。现在我们继续看看太空故事的下一章。外星人会被吓人的太阳烤得吱吱叫吗？

精灵泡泡外星人探险团

我们现在出发前往一颗沉闷的、黄色的恒星，它的名字叫太阳。我告诉鼻涕虫们太空船不能太接近太阳，否则太空船便会变成平底锅，淅沥淅沥*！因此我决定与太阳保持一个安全的距离，并且开启滤光镜保护眼睛，以免被照瞎。

在前往太阳的旅途中，湿落皮显得不耐烦了……

我必须解释的是，太阳很容易看见，因为它又大又亮（不像又小又黑的湿落皮）。但是，任何一个高智商的泡泡星球人都知道，我们距离太阳是很远很远的。在去往太阳的漫长旅程中，湿落皮和我的机械宠物——泡泡狗，玩起了鼻涕大战的游戏。

★ 精灵泡泡的口头禅，意思是哈哈！

泡泡星球档案

由太空电脑提供

☀ **名　称**：太阳

☀ **直　径**：1 392 000千米

☀ **与地球体积相比较**：比地球大100万倍

☀ **与地球引力相比较**：比地球的引力强28倍

☀ **日长度**：太阳像其他行星一样，也在太空中自转，但自转一周（就是一天）需要28个地球日的时间。

☀ **大气层**：是一层超高温的气体，称为日冕。最好离它远一点——它的温度高达200万摄氏度！

☀ **天气预测**：将会热得难以忍受。太阳表面温度约为6000摄氏度，而中心温度高达1500万摄氏度！有太阳风——但这不是由于空气流动形成的，而是由太阳发射出来的粒子流产生的。那里还有不计其数的致命辐射。

☀ **旅行小贴士**：与太阳保持适当距离。如果一定要靠近，请穿上超厚的泡泡星球遮阳服，涂上防晒霜，同时确保太空船有真正加厚的隔热防护层。

　　我们的太空船在安全的距离盘旋着，这时我向游客介绍太阳最有趣的现象。

　　米粒组织——太阳表面看来就像地球上一种名叫橙子的甘甜水果。那些"米粒"是炽热气流上升到太阳表面形成的。

太阳黑子——那些头脑简单的鼻涕虫竟以为太阳长了一些青春痘！我告诉他们那些黑点叫作太阳黑子——那是强力磁场在太阳表面形成的黑暗区域。黑子的温度比太阳的表面温度低1500摄氏度，但是仍然烫得要命！

太阳耀斑——这些耀斑有点像鼻涕虫打喷嚏时喷出的鼻涕，只不过它不是鼻涕而是氢。耀斑喷射出的粒子可以远达地球，危害地球上的基本电气设备。我说的是耀斑，不是鼻涕虫的喷嚏，淅沥淅沥！

太空警报

太阳耀斑很烫，它足以烤熟一个泡泡星球。若我的感应器侦测到耀斑，我会向你发出警报。但你要当心——耀斑以每秒400千米的速度急速移动，因此你最好赶快离开！精灵泡泡。

在2000万千米以外，太空超级感应器扫描到太阳的内部情况……

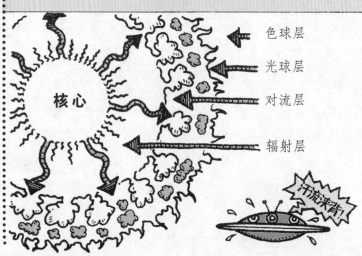

太阳的X光图

色球层

光球层

核心

对流层

辐射层

汗流浃背

色球层——大气层的内层部分，厚度为1万千米。

光球层——太阳的表面部分，厚度为300千米。

对流层——热体从核心上升到这里，厚度为20万千米。

辐射层——厚度为380 000千米。

核心——直径为450 000千米，在这里产生热能。

太阳的高温使我们无法再靠近，不过我们倒是享受了一顿充满泡泡星球风味的烧烤。

让我告诉你们一些令人惊讶的事情……太阳拥有太阳系中99.86%的物质。听上去不算太多——不过剩余的区区0.14%的物质却形成了太阳系中最不可思议、最妙趣横生的部分……行星！

接下来，我们将会到各个行星观光——从柔情似水的水星，一直到冷得要命的冥王星，过程中还会探索其他稀奇古怪的行星。现在就登上太空船，我们飞到下一页……

又热又恐怖的行星

谁要是愚蠢到冒冒失失地到水星或者金星去，他的生存机会将比气球从大头钉工厂飘出来还要低。这两个行星又热又恐怖，在火光一闪之间能把人变成一摊黏液，你不会把你的死对头送到那里去的……是吗？

我们出发吧……

一个倒霉的科学家曾经被她的死对头送到水星上去，她随即发现这个星球运行的方式十分怪异，白天出现了奇怪的现象……

我的水星之旅 伊娃娜·高晶

（很抱歉纸上有烤焦的痕迹）

今早我抵达水星，刚好看到日出。太阳爬上天空，它越爬越高，竟然变得越来越大。大概在中午时分，当我正要吃三文治时，我注意到太阳开始向后退。这把我吓得连三文治都忘了吃，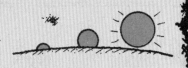后来我发现三文治烤焦了，变成了多士。又过了一会儿，太阳改变主意，又向前移动。一个漫长的白天过后，太阳在傍晚落下去，然后又爬出来了！折磨人的太空石头啊！究竟是怎么回事？

噢，伊娃娜——你被科学难倒了，这门科学背后是充满智慧的。现在来解释一下吧……

为什么太阳会这样奇怪?

水星以一个椭圆形的轨道绕太阳运行。就像这样……

当水星靠近太阳时——太阳看起来变大了；当水星远离太阳时——太阳看起来变小了。由于水星自转一周（即1个水星日）相当于59个地球日，而水星环绕太阳一周才需要88个地球日——因此在1个水星日便能看到太阳的大小变化。你听明白了吗？太好了！下面说说太阳向后退的事情……

在地球上看，太阳每天都从天空的一头移动到另一头，这是因为地球在自转。假设地球自转的速度很慢，那么太阳看上去也会移动得很慢。但是如果太阳看上去移动的速度比地球绕行太阳的速度还要慢的话，我们看到的太阳就会向后退。这正是自转速度缓慢的水星上发生的情景！明白我的意思了吗？

嗯——水星似乎有点精神错乱。好吧，我们继续说说太空故事，看看精灵泡泡能不能弄懂水星上混乱的一切……

精灵泡泡外星人探险团

我们出发前往水星，它是离太阳最近的一颗行星——我们只要一个单脚跳跳大约5800万千米就到了。

泡泡星球档案

☀ **名 称**：水星

☀ **直 径**：4900千米

☀ **与地球体积相比较**：直径比地球小3倍

☀ **与地球引力相比较**：比地球引力的1/3稍大，也就是说你在水星上的体重只有在地球上的1/3，精灵泡泡。

☀ **卫 星**：没有

☀ **日 长 度**：58个地球日零12个地球小时

☀ **年 长 度**：88个地球日

☀ **大 气 层**：差不多没有

☀ **天 气 预 测**：极冷和极热。白天的温度达到427摄氏度——足以熔化一罐泡泡星球的焗豆，而且无处躲避太阳的辐射。晚上的温度是零下183摄氏度。

☀ **旅 行 小 贴 士**：水星不是旅行的好地方——如果你非去不可，必须穿上太空衣和泡泡星球遮阳服。为了抵御漫长的寒夜，还要穿上加厚保暖的袜子。

当太空船俯冲到水星表面时，我向鼻涕虫们介绍了水星的游览胜地。由于好玩的地方不多，我一会儿就介绍完了。

▶ 悬崖——3千米高。

▶ 卡路里盆地——有直径达1300千米的环形山。

▶ 深环形山内可能有冰块。

鼻涕虫们纠缠着我，要我放它们去环形山溜冰。不过我决定继续向前行进5000万千米到金星去，我希望那里会好玩儿一点，事实的确如此，尽管并不好受……

泡泡星球档案

☀ 名称：金星

☀ 直径：12 100千米

☀ 与地球的体积相比较：比地球小一点

☀ 与地球引力相比较：比地球弱一点

☀ 卫星：没有

☀ 日长度：243个地球日

☀ 年长度：225个地球日。不，精灵泡泡，我不是乱说一通的！金星的自转是如此的慢，它的一天比一年还要长。令人不解的是——金星的自转方向与其他行星相反……

☀ 大气层：由有毒的二氧化碳气体形成令人窒息的浓厚云层。大气压力重得可以把你压扁，云层中充满酸性物质，足以将你溶解。金星表面有很多火山……它们目前还没有喷发的迹象，不过喷发会随时发生。

☀ **天气预测**：今天将会很热，确切地说是500摄氏度，和平时一样。金星是太阳系中最炎热的地方（太阳除外）。

☀ **旅行小贴士**：我宁愿砸烂自己的电脑晶片也不去金星！

虽然太空电脑提出警告，而且我们只能待在太空舱里，我还是决定在金星着陆，可是鼻涕虫们却想出去走走……

这时，泡泡狗也决定出去散散步……

我趁这个机会，向大家指出金星危险的地方……

当我用太空船的机械臂把泡泡狗抓回来后，它看上去很不高兴，于是找我出气……

假如金星是如此的凶残狂暴，那么它所代表的神灵也不是什么好东西！中美洲的玛雅人认为金星是一个神（与古希腊人信奉的女神不同），玛雅的祭司花大量时间观测这颗行星，想了解神的状况。神在走动吗？神什么时候现身呢？

你能成为玛雅天文学家吗？

以下的测验是基于真实史料的。现在是562年，你是玛雅古国卡拉克莫蛇王的天文祭司。看一看你究竟是一个杰出的天文学家，还是一个差劲的算命先生呢？

测验的规则：

阅读下列问题，选出正确的答案。答对一题得一分，接着回答下一题。

1. 今天是4月29日，如果你知道金星今天会在天上静止不动，那么你会告诉国王什么呢？

a）今天是重创敌人的日子。

b）今天是购物的好日子。

c）今天诸事不宜——你最好卧床，盖上羽绒被。

答案

　　a）金星是主管战争和灾难的神。如果（从地球上看）它悬在天上不动，则是向神寻求协助的好时机。

2. 国王的军队俘虏了敌国蒂卡尔的国王——德宝·布特，你会如何处置他呢？

a）把他锁在小房子里，逼迫他做复杂的算术题。

b）承认生活很不公平，释放他，还他自由。

c）用巨大的车轮形岩石碾过他的身体，挖出他的心脏。

答案

　　c）被俘虏的国王会成为祭品，作为答谢金星的礼物。

3. 军队还俘虏了敌国的王子安利姆·斯古，他只是一个小孩子，你会如何处置他呢？

a）把他扔进一大缸奶油里，然后把奶油吃掉。

b）让他做国王，禁止他上学读书。

c）用鸡毛扫帚给他搔痒，直至他笑死为止。

b）不过这孩子必须听从你的吩咐。

4. 你会如何处置德宝·布特的军队？

a）用丰盛的晚宴招待他们。

b）拔掉他们的手指甲，挖出他们的心脏。

c）打发他们到皇家巧克力工厂做苦力。

b）金星喜欢祭品——真是一个有"爱心"的神啊！

你的分数……

0~1分 你要成为玛雅天文学家还相差十万八千里。

2～3分 如果你手里拿着一把挖心脏的石刀，你的样子会有点古怪。无论如何，你不会是一位科学老师吧？

4分 你是一个危险人物，不过你倒是一位出色的玛雅天文学家。

如果你真的想成为玛雅天文学家，现在你有机会亲眼看看金星的真面目了。（记着把石刀留在家里！）

可怕的科学吓人观星会

请带齐27页的所有物品！

观察金星

以下是观察的步骤……

1. 日落后两小时，面向西面寻找金星。（一年约有一半时间能看到金星——因此如果你现在看不到，过几个月一定能看到。）

2. 金星是一颗非常明亮的行星，这是因为太阳的光线被金星浓厚的云层反射开来。金星是不是很可爱呢？

很容易找到金星吧？希望你找到了。但是在过去，观察金星引发了很多令人费解的问题，甚至还赔上了几位天文学家的性命。

这是关于可怜的格朗的故事。1761年，这位法国科学家非常渴望目睹"金星凌日"的天文现象，届时金星将横过太阳表面，从地球上可以看见金星的剪影在太阳表面慢慢移动。明白我的意思吗？

对于天文学家来说，"凌日"是一个天文奇观，天文学家可以利用这个千载难逢的机会，测量金星相对太阳的大小和距离。这次金星凌日预计于1761年出现，而最佳的观测地点是印度，因此格朗起程前往印度。但是他的计划很快便落空，比一只跳笨猪跳的河马落得还要快。

如果格朗给他的科研伙伴写信的话，那封信应该是这样的（请用那种别扭的法国腔调来念）……

1761年（印度）

法国科学院的伙伴们：

你们好！

我有一个好消息和一个坏消息。好消息是我看到金星凌日的现象了，那天天气晴朗，我清楚地看到整个过程。太棒啦，真是让人目瞪口呆！

坏消息是由于英法两国正在交战，我被禁止上岸——因此我不得不在船上观测，结果很多科学仪器都无法装配起来。现在天气很糟糕，下着瓢泼大雨，

于是我决定留在印度，等候下一次的金星凌日。尽管8年后金星凌日现象不一定出现，但至少我是站在一个适当的地方期待这个天文现象！

再见！

又及：这是长在我假发上的霉斑。

格朗

等待了7年，格朗做了很多计算，他失望地发现，太平洋是一个更佳的观测地点。于是他立即起程前往那里，可是，他又一次交上厄运……

1769年

伙伴们：

你们好！

该死！该死！该死！我现在在菲律宾群岛的马尼拉，我刚刚发觉自己错过了开往塞班岛的唯一一班船。我问下一班船什么时候开航，时间竟然是3年以后！

好吧，正如英国人说的那样，抱怨是没用的。我估计在这里仍然能以一个好的角度观测金星凌日的现象。

再见！

格朗

又及：虫子在我的裤子后面咬了个大洞。

我在这儿！

然而科学院却另有想法，他们认为格朗在印度能更好地进行观测，因此他只好原路折返——真是命该如此啊……

1769年

伙伴们：

你们好！

该死！该死！我诅咒该死的天气！我按照你们的意思坐船回印度，及时赶到观测地点。我装配好望远镜，我太激动了，激动得难以入眠。为了这一刻，我足足等待了8年！次日阳光明媚，我做好一切准备，等候金星凌日的出现，然而……天空突然阴云密布，我什么也看不见！我刚刚还听说，我原本不想离开的马尼拉现在晴空万里，当地每个人都看到了金星凌

日。下一次金星凌日要等上100年！啊——我气得在我的假发上暴跳如雷！

不幸的格朗·

1770年
伙伴们:

你们好!

你们还记得我吗？我是格朗，我现在回家了！我从印度坐船回来，这真是一个艰苦的航程。噢，实际上是三个航程——我一直在晕船，我的裤子烂成碎条，假发掉进大海里。噢，当我回家的时候，人们都以为我死了，我的家人刚刚把我的财产分光了。

再见

家人 →

格朗 →

又及: 我的家人说我应该感谢我的幸运星，因为我还活着。哼——别再跟我提那些恒星和行星了，要不然我会尖叫的——啊!

噢，亲爱的……你现在可以毫不费劲地看见下一颗即将登场的行星。也许你每天都在看着它，说不定你还是个专家呢！没错，现在是登陆地球的时候了!

登陆 地球

假如我是一个要寻找居住场所的外星人，我一定会选择地球。毕竟，这是唯一一个有流动的水、新鲜的空气和有机会找到美味薄饼的行星，这是我的个人意见罢了——现在是讲另一段黏糊糊的太空故事的时候了。让我们看一看外星人眼中的地球是怎样的……

精灵泡泡外星人探险团

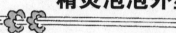

如果地球没有遭到那些麻烦的、愚蠢的人类破坏的话，它会是一个完美的居住地。请注意，当我们着陆地球后，黏液懒虫们的言行举动变得像人类一样愚蠢、笨拙，变成了傻瓜懒虫……

泡泡星球档案

🌐 **名　称：** 地球

🌐 **直　径：** 12 700千米

🌐 **卫　星：** 一个——就是月球

🌐 **日长度：** 24个地球小时

🌐 **年长度：** 365.25个地球日

🌐 **大气层：** 78%是氮气，21%是氧气。1%是混合气体，其中有0.5%是二氧化碳。

🌐 **天气预测：** 地球的中部酷热，两极则低于零摄氏度。大量的水会以小水滴的形式从天而降，地球生物把这种现象称为降雨。

小心以下动物！！！

鲨鱼

老虎

鳄鱼

旅行小贴士：人类科学家发明了一种手提帐篷，把它握在手上，可以防止头部被雨淋湿，这种用具叫雨伞。如果你到外面走走，不妨带上一件这样的东西。地球上有些生物极不友善、凶巴巴的，说不定会拿你当晚餐。

当太空船逼近地球时，我给大家介绍地球上几个有趣的现象……

▶ 地球表面71%的面积被水覆盖，这些水被称为海洋，因此地球看起来几乎是蓝色的。即使是云，也是由飘浮在空气中的微小水滴组成的。一如既往，那些愚蠢的人形动物又搞错了——他们不该把他们的星球叫作地球，应该叫它水球、湿球或者滴滴答答球，淅沥淅沥。

▶ 地球上遍布生命。从太空看去——广阔的陆地被一种称为树的巨型绿色生物覆盖着。虽然它们身型庞大，但并不可怕，它们从不攻击其他生物。

51

黏液懒虫和湿落皮从来没有见过地球生物，也没有听过我在树下讲故事……

我们毫无恶意！

黏液懒虫第一次遇见地球人。

这个地球人带着一只极度凶恶的地球生物……

地球上还有数不清的微小生物，称为微生物——它们能导致疾病。黏液懒虫似乎染病了。

嗯，我认为地球很可爱。是的，这样说也许有些偏心，不过无论谁从太空观看地球，都会为这颗美丽的星球感到惊讶，它那闪烁着光芒的蓝色海洋，映衬着蓬松柔软的白云。地球反射着充足的太阳光线，像在黑暗中闪闪生辉似的……

以下是太空人吉姆·洛弗尔于1968年说的话：

太空中无穷无尽的寂静令人恐惧，你会不由得想起地球上的一切是多么美好。从这里向地球望去，它像是广漠太空中的一片绿洲。

地球的终极秘密

地球除了美丽外，你可能不知道它是一个多么特别的星球。在太阳系九大行星中，如果要从热到冷排列，地球排行第三，自转速度从快到慢来说排第五位。它的质量在九大行星中排行第五，引力强度排行第四。那么，是什么使地球如此特别呢？

你注意到什么了吗？

在每一项统计中，地球都居于中位！就是太阳系"中间人士"这个身份使地球如此特别！这意味着地球不会太热，也不会太冷，适合生物生存。地球引力大小恰当，也利于各种生物在此生活——包括你和我。

其实远不止这些，地球还有其他优点使它成为生命的安全之所。我有一个做生意的老友，他的名字叫诚实博士，近来转行做起二手星球买卖的生意，他极力向你推销地球。你能看出诚实博士的广告有什么不对劲的地方吗？

我们先休息一会儿，听听广告客户的意见……

诚实博士出售二手星球

"诚实博士在光天化日之下不会说谎，不过我不想在晚上看见他。"

诚实博士的母亲

地球

天生的保护装置

▶ 地球像一块巨大的磁石一样能产生磁力。

磁石

磁力

▶ 地球产生的磁力把太阳释放的有害辐射阻在范·艾伦带内。

为什么不用地球做一次旋转测试呢？你只需花10 000 000 000.25英镑就可以把地球抱回家——还在想什么？地球远不止这个价钱呢！

你会跟诚实博士购买地球吗？希望你没有这个打算！据我所知，地球并没有出售！现在，请教一下路加·向尚，问他对诚实博士的广告有什么看法……

54

诚实博士真是太……太诚实了，他提供的所有细节都准确无误！

关于地球防御太阳辐射这方面，诚实博士说得很正确。但是，范·艾伦带到底是什么东西呢？它跟路加的同事艾思·斯塔尔与我们分享的笑话相类似……

范·艾伦带在哪里？

太空？

那是范·艾伦裤子上的皮带吗？

可怜的人！

你肯定不知道！

范·艾伦带在1958年被美国科学家詹姆斯·范艾伦发现，并因此而得名。它位于距离地球表面1000千米至2.5万千米之间的区域。太阳的辐射被地球的磁场困在称为范·艾伦带的磁场区里，假如太空船在那个区域损坏的话，太空人会被辐射烤熟。

现在，我们就接受诚实博士的建议，让地球转动起来，因为……

令人震惊的消息！地球正在转动！

现在，你正以每秒约30千米（即每小时约10.8万千米）的速度跟随地球环绕太阳快速运转。事实上，当你看完这句话的时候，你已经走过300千米远。还有你、我、猫和金鱼，以至整个地球都在旋转！

躺在床上也可以免费环游世界？

你只需要在赤道（环绕地球腰部的假想线）上的某一点躺一整天就行了。随着地球自转，你也一起转动起来。经过一天的时间，你便会周游相当于环绕地球一周的距离。没错——以时速1670千米的速度免费享受了一趟4万千米的太空旅程，而且不用下床！

现在设想你把床推到北极去（如果你喜欢倒转来睡，也可以把床推到南极去。不过一定要准备足够厚的羽绒被），你在那里躺一整天，你的床只会旋转一小圈，就像溜冰者自转一圈一样。听不懂吗？看看下图便会明白了。

如果你身在北极，你只需抬起头就可以看到北极星在你的头顶上。由于地球自转的缘故，所有的星星都像绕着它转动似的。当然——你不必跑到北极去看北极星，因为在北半球的任何地方都可以看到它……

可怕的科学吓人观星会

首先你要准备好第27页列出的用具！

凝视着北极星，接着……

1. 向远离路灯的黑暗处走去。

2. 仰望夜空，寻找北斗七星。北斗七星里七颗星星那美丽而浪漫的名字都来自中国。

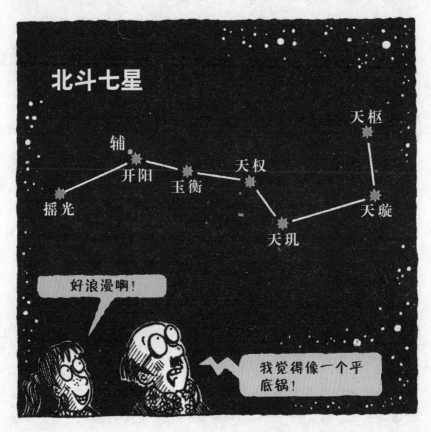

沿着天璇到天枢的方向往上看，你就可以看见北极星。

3. 你看到辅了吗？只有在很黑的夜晚，你才能看到它！1000年前，阿拉伯人以辅来测试人的视力是否良好。

4. 北极星是一颗巨大的星球，它的亮度是太阳的2000倍。幸运的是，我们能看见它，而且它距离地球480光年远，所以我们处于安全的状态。

5. 由于北极星总是处于北方，因此你可以根据它来分辨南北，即使在晚上也不成问题！

你肯定不知道！

地球的自转像陀螺一样有点摇摆不定，也就是说到了公元14 000年，由于地球自转轴的偏转，北天极将会指向别的星球。该死——到时候这本书就不合时宜了！但是再经过12 000年，北天极会重新指向北极星，到时你可以把书再翻出来，吹去封面上的灰尘，重新读一次！

等一等——若是你家住南半球的话，你可能会因为看不到北极星而生气。别发怒——你可以取而代之观察南十字星！

可怕的科学吓人观星会

观察南十字星

1. 下面是它所处的位置。

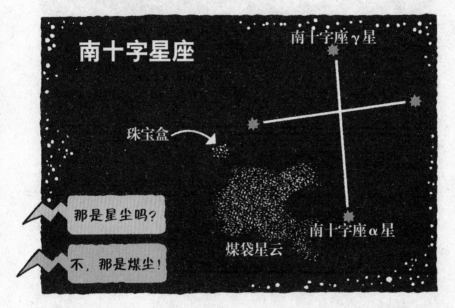

2. 假如这十字星座较长的那一方延长5倍，它的末端就正好指着南天极。

3. 现在告诉你一个惊人的消息（虽然我不这样认为）。煤袋星云其实跟脏兮兮的煤块无关，珠宝盒里也没有珠宝。煤袋星云只是一团巨大而且黑暗的气体云，而珠宝盒也只是由很多遥远的恒星组成的星团。

要知道，不论你住在地球哪个地方，太空里有一样东西是每个地球人都能看到的。没错——赶快翻到下一页，不然你会错过我们的月球之旅！

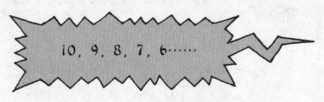

月球也疯狂

40亿年前，当地球被一颗小行星撞伤脑壳，地球的气候就开始发生变化，月球的故事也就从此展开。以下是撞头历史的整个过程……

大碰撞

地球与一颗跟火星一般大小的行星发生激烈碰撞，产生许多炽热的岩石碎块并散落在太空。引力把碎块集中在一起，逐渐形成一个球体——你猜对了！月球由此诞生。与此同时，地球上出现四季交替的现象。

你看，地球的自转轴给撞歪了！从那时起，它开始以一个有趣的角度23.44°倾斜着。

在地球围绕太阳运转的过程中，北半球和南半球交替向太阳倾斜，向太阳倾斜的一方便进入夏季。现在我们搞清楚了季节形成的原因，接着说下一段黏糊糊的太空故事……

精灵泡泡外星人探险团

在我们飞近月球的同时，我想用太空电脑查找一些月球的资料。可是电脑晶片上满是黏糊糊的鼻涕，我只好先把它们擦干净。咕——那些流着鼻涕的、讨厌的鼻涕虫！

泡泡星球档案

◎ **名　称**：月球

◎ **直　径**：3476千米

◎ **与地球体积相比较**：是地球的1/4

◎ **与地球引力相比较**：是地球引力的1/6

◎ **日长度**：约28个地球日

◎ **年长度**：365个地球日又6个地球小时

◎ **大气层**：几乎没有……

◎ **天气预测**：月球的温度不太热也不太冷。白天的温度可高达110摄氏度，并抵受着太阳的辐射。晚上的温度则会降至零下170摄氏度。但至少那里没有风和雨，因为月球上没有空气，也没有水。

◎ **旅行小贴士**：外出时要穿上太空衣，不必带雨伞。

从太空观看，月球的景象十分壮观。我向鼻涕虫们介绍了月球最有名的景点。

▶ 环形山——环形山是太空岩石块撞击月球表面留下的痕迹，又叫陨石坑。月球上大概有30万个环形山——那些笨头笨脑的鼻涕虫竟然想数一数它们的数目。有些环形山深达数千米，阳光照不到山的底部，那里可能藏有冰。

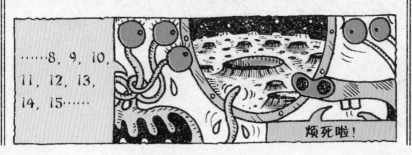

……8, 9, 10, 11, 12, 13, 14, 15……

烦死啦！

▶ 地球——在月球上看到的地球，比在地球上看到的月球更大更亮，这是因为地球的体积比月球大。

妈妈，那里住着凶巴巴的猫。

不要再提了！

▶ 月海——38亿年以前，来自太空的巨大岩石化成熔岩，结果愚蠢的地球人居然把那些由凝固熔岩形成的低凹广阔的平原叫作"月海"。恐怕你没有机会在太空上冲浪了！

小湿落皮听我说到"海"，以为我们要到海滩玩……

天啊！好大的海滩啊——我要用沙子和鼻涕堆一座城堡……咦，大海在哪里？

由于月球比地球小，所以引力也较弱。因此物体在月球上的重量只有地球上的1/6。在鼻涕虫们看来，这又是一件新奇的事……

　嗯——月球真好玩！不过我刚刚接到美国太空总署的通知，他们认为我不够资格做太空人，哎！我只能望月兴叹了。不过没关系——观察月球也有很多乐趣呀！特别是当你加入这个组织之后……

可怕的科学吓人观星会

观察月球，思考问题……

1. 月球的形状?

眉月　　满月　　凸月

月球的形状可能是

重要的科学笔记

　　月球围绕地球公转时，因受到太阳照射的角度不同，因此从地球上看，月球会出现不同的形状。首先我们会看见新月后的眉月，由于它靠近太阳，不容易被察觉；接着每月月球会逐渐变成满月形状，然后逐渐变回残月，循环不息。

2. 望月而知时

　　新月及眉月会在日出时升起，日落时下沉。残月（月球逐渐由盈变亏）在午夜升起，中午下沉。满月在日落时升起，日出时下沉。因此，满月升得越高，表示时间越晚。

3. 你看得见吗?

　　无须望远镜也能看到的三处月球地貌……

哥白尼环形山——直径达90千米。

这里一片宁静!

宁静海——1969年人类首次登陆月球的地点。

第谷环形山——年龄达10亿岁的环形山。

南美洲、大洋洲和非洲南部的读者请注意：

你们看到的月球是这样的：

无论身处地球的哪一个角落，你也只能看到月球的一面。这并不是因为月球不想让我们看到它的另一面……是因为月球围绕地球公转一圈时恰好也自转了一圈。为了说得更清楚明白，现在让路加·向尚坐在转椅上，让艾思·斯塔尔围着他转圈，假设路加是地球，艾思是月球。嗨——你们在家也可以试一试！

艾思像月球一样，每绕路加转一圈时也自转一圈。嗯——同时，路加应当自转28圈，相当于地球过了28天。就让我来转动路加的转椅吧！路加给转得头昏眼花了！

现在，你可能认为自己已经掌握了一些疯狂的月球秘密。但这就足以使你成为一位令人敬畏的天文学家了吗？还是你在做白日梦？做一些太空测验便自有分晓……

65

太空测验——1

疯狂的月球科学家们对于月球作了一些令人难以置信的大胆假设，下列哪一项是我捏造出来的？

梨形？它一定是由香蕉变成的！

（a）威廉·皮克林（1858—1938）和乔治·达尔文（1845—1912）：月球是数十亿年前在地球旋转过程中飞脱出来的，月球飞脱后在地球上剩下的缺口就是太平洋。

（b）弗雷德里克·珀蒂（1810—1865）：地球有两颗卫星，只是第二颗非常小。

（c）彼得·汉森（1795—1874）：月球形状像梨。

（d）汉斯·霍宾格（1860—1931）：月球上的山都是冰山。过去地球曾经有很多颗卫星，不过它们都撞到地球上去，结果把住在那里的巨人压死了。

答案

a）对的。他们的说法不是完全错误的——你可以翻到第60页重温一下。

b）对的。19世纪50年代，许多喋喋不休的天文学家瞪大眼睛，设法寻找地球的第二颗卫星，至今还没有找到。

c）错了。哈哈！彼得·汉森说月球的形状像梨？不，他说月球的形状像鸡蛋，还说我们看不到被丛林遮蔽的一头。就是这样！

d）对的。他简直像一只在树上疯狂咆哮的狗！难怪穷凶极恶的纳粹党领导人阿道夫·希特勒吹捧这位疯子汉斯为世界上最伟大的科学家。

你也许以为这些理论就像吃香蕉皮却扔掉香蕉一样愚蠢。当然，你这样想很有道理——但是问题在于，你能做得更好吗？

太空测验——2

在月球上能找到以下哪两种东西？

（a）在鼻子上常见的细菌

（b）大蒜味的尘土

（c）彩色的玻璃碎粒

（d）黏糊糊的绿色生菜

a）是的。月球上原本是没有细菌的。但在1969年，登陆月球的太空人在一部早期降落月球的太空探测器上的摄影机内发现了细菌。事实是当人们在地球把摄影机装嵌到太空船时，细菌因工作人员的喷嚏被喷到摄影机上，它们只是去月球度假而已。

b）不是。月球的尘土闻起来像火药，不像大蒜。

c）是的。月球大部分的尘土是黑色的，而且有光泽——这就是月球闪闪发亮的原因。此外，月球尘土中还含有矿物熔化而形成的微小的彩色玻璃碎粒。

d）不是。不过用月球尘土栽种的植物生长得很茂盛（当然要淋水和供给空气）。说不定在未来，我们可以看到栽培月球百合花和在陨石坑栽种菊花的园林计划呢。

地名有什么意义吗?

第一位透过望远镜观测月球的科学家是意大利科学大师伽利略（1564—1642），他认为月球上存在海洋。他甚至为这些海洋起名字……

一些让你向往的月海……

▶ 虹湾

▶ 睡梦湖

一些让你心惊胆战的月海……

▶ 风暴洋

▶ 腐沼

▶ 死湖

恼人的地名测验……

月球或某些行星上的地名，均取材自地球上的地名或人名。随意举几个例子就可以难倒一个科学家。

问题如下：

如果他们说："是的。"——完全正确，因为阿尔卑斯山就在欧洲。

你可以说："不，它在月球上！"——这也没错，因为月球上也有阿尔卑斯山。

如果他们答"中东"，你便可以反驳说："不，它是火星上的一处沙漠。"因为这也是正确的。以下的试题越来越离谱了……

这时，你可以说："我不是说那位著名音乐家——而是说一座直径644千米的环形山。"水星上的环形山都是以文艺界名人的名字命名的，因此马克·吐温和莱昂纳多·达·芬奇都在水星上。若要继续折磨那个可怜的科学家，你可以告诉他，贝多芬也是一颗小行星。

你肯定不知道！

月球上许多环形山都是由意大利天文学家乔凡尼·里奇利（1598—1671）取名的，他给环形山冠以著名天文学家的名字。这个狡猾的家伙毫不客气地用自己和好朋友格里马尔迪的名字为巨大的环形山命名，却把他不喜欢的伽利略，留给了一座破损的环形山……

哼——我配得上一座更雄伟的环形山！

提醒你，即使是月球寒冷且黑暗的一面，也要比我们的下一站舒适愉快。住在那个星球里就像住进堵塞的下水道一样恶心。那里真的是怪物的家园吗？还是只是丑恶的谣言？

再丑也丑不过鼻涕虫吧？

精灵泡泡，真有其事吗？

火星上的怪物

对于喜欢搜捕怪物的人来说，火星是一个非去不可的地方。在这一章里，你偶尔会发现一些怪物的画面，读到一些怪物的故事，还有谁也不能预料的怪事。你甚至可以在后面几页，看到一些在显微镜下才能看清楚的火星怪物在蠕动、不停地滑行……

火星上的确有些东西令人很振奋——它甚至能唤醒沉睡了几年的人！1997年，世界各地的人通过互联网和电视直播观看有关由火星传送回来的实况照片的报道。这些片段并不是从外星人电视台窃取回来的，而是由"旅行者"号探测车上的摄像机拍摄的，画面传到地球再转送到互联网上。

事实上，这次直播简直闷透了。火星上一片死寂，除了成百上千的岩石和美丽的粉红色天空外，什么东西也没有，即使地球上午夜时分的墓地也比火星更有生气。不过即便如此，十亿人依然敬畏地盯着电视屏幕。

这次探索任务真正激动人心的地方，是一位叫拜恩·库柏的男子利用虚拟软件，在火星上驾驶一辆名为洛奇的无线电操控机械车！你想要一辆洛奇车作为圣诞礼物吗？

广告后再见。

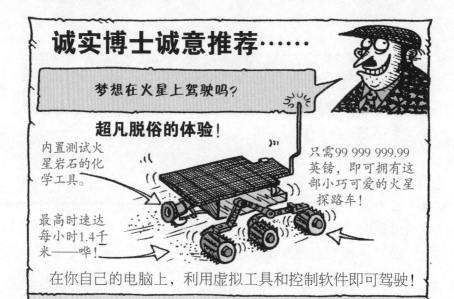

诚实博士诚意推荐……

梦想在火星上驾驶吗？

超凡脱俗的体验！

内置测试火星岩石的化学工具。

只需99 999 999.99英镑，即可拥有这部小巧可爱的火星探路车！

最高时速达每小时1.4千米——哗！

在你自己的电脑上，利用虚拟工具和控制软件即可驾驶！

附属细则

　　1. 火星上有数百万名字可笑的岩石，如愚珈、史酷比等。你的玩具撞上这些岩石便会受损，由于在地球发出的无线电控制信号需要15分钟才能到达火星，因此你最好先计划驾驶路线！

　　2. 假如车子翻倒了，你只好请爸爸或妈妈到火星跑一趟，将车扶正。

　　3. 电池只可以维持90天——这是最理想的情况！

　　嗯！听起来很好玩吧！可是，扫兴的是，我刚刚听说美国太空总署的科学家们不让我在火星上驾驶机械车。如果你有兴趣参观火星的话，我想你有以下选择……

　　a）等待乘坐载人飞船飞去火星——这种飞船几年内就可以研制成功，说不定你可以一起同行呢！

　　b）或者你可以马上做这个实验，借以想象火星上的情景……

火星尘暴的成因

所需物品:

手电筒

气球

爽身粉

一张桌子

通情达理的家人

实验步骤:

1. 将房间光线调暗,或者等待天黑。开启手电筒,放在适当的位置,使它的光从桌子的一侧照向另一侧。

2. 在桌面上撒上爽身粉。

3. 为气球充气,然后放气,重复几次。

4. 为气球充气,然后把气球的充气口向下放在桌面上方,使气球释放的气体吹到桌面上。

你会留意到:

粉尘吹起成旋转状,形成一团云,在空中翻滚飘浮,情况就跟真正的火星尘暴百分之百相似。很好玩吧?其实,情况就跟火星上的一样,风只需吹起一些尘土,尘土之间就会互相撞击从而扬起更多的尘土,尘暴由此形成。

对年幼读者的忠告

这个实验会把你的房间弄得遍地都是爽身粉,因此做实验前应征得家人的允许。要不然,你可能会被惩罚送往火星去,或是被关在自己的睡房里,直至把房间打扫干净为止!

现在又到了说太空故事的时间了。这次外星人要到火星探险……

精灵泡泡外星人探险团

在太阳系中，我最喜爱的就是火星！这里的景色比地球壮观多了，而且没有愚蠢的人类大煞风景！

我打算给鼻涕虫们介绍在火星上登山的乐趣。我用太空电脑查找了一些火星的资料……

泡泡星球档案

☀ **名称**：火星

☀ **直径**：6800千米

☀ **与地球体积相比较**：直径与地球的半径相当

☀ **与地球引力相比较**：是地球引力的1/3稍多一点

☀ **卫星**：火卫一和火卫二——它们的直径只有几千米

☀ **日长度**：24个地球小时又37地球分钟

☀ **年长度**：687个地球日

☀ **大气**：只有薄薄的一层二氧化碳……

☀ **天气预测**：天气很寒冷（大约零下30摄氏度），没有降雨。毕竟，火星足足有40亿年没有下雨了。有可能出现持续数日的尘暴，但精灵泡泡不用担心——由于空气稀薄，所以风力很弱，风力的强度不足以把你吹走。

☀ **旅行小贴士**：火星土壤里的化学物质可能会溶解你的太空靴子和你的24个脚趾。

当太空船降落到火星后，我向鼻涕虫们介绍宏伟的风景名胜……

看看这些……

▶ 海员峡谷是太阳系最大的峡谷，它深6.4千米，宽241千米——是地球上一处称为"美国大峡谷"的裂缝的4倍深和6倍宽，它的长度足以贯穿地球上一个名叫美国的微不足道的人类国家。

▶ 火星表面有河床和湖沼的遗迹，显示数十亿年前可能有水流经过。一些河的宽度超过24千米，深度超过100米。

▶ 火卫一和火卫二原来可能是小行星，因火星引力的牵引成了卫星。火卫一是一颗较大的卫星，从火星上看，它从西边升起横过天空，4.5个地球小时以后在东边落下。火卫二小得可怜，就像远处的一颗小星。

▶ 奥林匹斯山脉是全太阳系最高的山。它是一座火山，宽483千米，高25千米——宽度是地球最大火山的2倍，高度是地球最大的鼹鼠洞（我的意思是山）的3倍。

我们就是要爬这座山！

天啊！

我们决定从山顶开始爬奥林匹斯山！嗯，是真的！（游客们总喜欢悠闲舒适的旅程——这才算是度假！）为了有足够的力气爬山，鼻涕虫们舔了一口黏糊糊的冰淇淋补充体力。

湿落皮决定要到火卫二去看看。火卫二很小，它的引力非常微弱，我们站在那里轻得像一根羽毛！

突然，黏液懒虫放了一个屁！在引力微弱的火卫二上，这足以把她发射到太空去。

泡泡狗马上冲出去营救黏液懒虫……

火星卫星的5个鲜为人知的秘密

1. 火卫二的引力太弱了，只是靠骑自行车的力量也足以把你送上太空。黏液懒虫那个强而有力的屁当然能把她像火箭一样发射到太空去！

2. 从火星上看到的火卫二是什么样子的？做以下的实验就知道了，请一个朋友拿着一个马铃薯站在足球场的一头，你站到另一头看，看到马铃薯的大小就跟在火星上看到的火卫二差不多。换句话说，不是很大。（如果你够狠心的话，你可以在球场上闲逛一下，任凭你的朋友拿着马铃薯呆站几个小时。）

3. 其实，火卫二看起来的确像一个马铃薯，尽管我们不能用它来做美味的炸薯条。

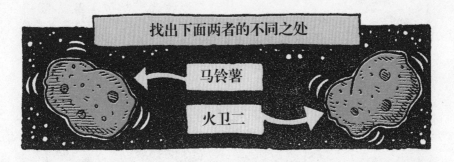

找出下面两者的不同之处

马铃薯

火卫二

4. 火卫一每绕火星公转一周，它就靠近火星一点——每100个地球年靠近18厘米。4000万年后，这颗卫星将撞到火星上，届时居住在上面的人类或外星人将面临大灾难。

5. 20世纪50年代，乌克兰科学家伊奥瑟夫·舍穆洛维奇·史可卢夫斯基宣称火星的两颗卫星是由聪明绝顶的火星人制造出来的。但是到了1971年，美国太空探测器发回的照片证实：火卫一只是一块大岩石，而这位科学家只能红着脸说自己在开玩笑。

脸红

外星侵略者

那么外星侵略者和火星怪物究竟是怎么回事呢？到目前为止，我们还无法肯定太阳系中是否存在地球以外的生命。过去，一些天文学家曾经固执地认为有火星人存在，也有人认为金星上有生物存在。不过，我肯定你一定看出这些论断有些夸张失实，不足为信……

巴米·波分的荒谬理论	路加·向尚的科学理论

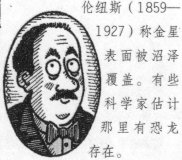

1. 瑞典科学家史·阿伦纽斯（1859—1927）称金星表面被沼泽覆盖。有些科学家估计那里有恐龙存在。

2. 19世纪30年代，德国天文学家法兰兹·冯·保拉·格鲁伊图伊森指出，金星每隔47年亮度增加的原因，是外星人点灯庆祝新皇帝登基所致。

1. 金星表面上没有水，而且金星的温度热得足以把恐龙烤成美味的恐龙晚餐。

2. 翻到第46页，你就会明白金星为什么闪闪发亮。科学家们还不知道金星亮度变化（如果真的在变）的原因，但确实跟外星人皇帝毫无关系。

以上这些胡说八道的科学设想，跟最不切实际的、最低俗的有关外星人的言论相比，也只是小巫见大巫而已。

纽约太阳报

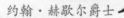
1835年8月27日

约翰·赫歇尔爵士

巨型海狸跳到
月球上！

顶级天文学家约翰·赫歇尔爵士近日发现月球上有一只巨型海狸！"它直立行走，没有尾巴。"这位受人尊敬的天文学家喘着气说。约翰爵士说月球表面树木丛生，他看见那里有成群的毛茸茸的野牛在摇耳朵，还有长着翅膀的猿人。"整个画面看来充满幻想似的——噢，我真笨，因为那里本来就是满载神话的月球！"约翰爵士补充说。

天文学家印象中的海狸

编辑启事

我们对一直支持本报的广大读者表示衷心的感谢。自从开始连载月球发现这篇报道以来，我们的报纸从濒临破产的边缘一跃成为地球上最畅销的报纸——哟嗬！

事实究竟是怎样的？原来这些骇人听闻的故事是由一个名叫理查·亚当斯·洛克（1800—1871）的记者捏造出来的。真正的约翰·赫歇尔爵士身在南非，当他听到纽约太阳报夸大其词的报道时，起初很费解，后来也忍不住哈哈大笑起来。

火星怪物是怎么回事?

哦，谢谢你提醒我！在相信有火星人存在的天文学家当中，最著名的一位是帕西瓦尔·洛弗尔（1855—1916）。正如你所知，帕西瓦尔已经被埋在黄土下许多年了。但是我很高兴他答应亮相我们唯一一期以亡灵做嘉宾的现场直播节目……

当年你说海王星之外还存在一颗行星……

没错！我花了好几年时间也没找到！

这颗星于1930年被发现了，名为冥王星。你还记得你在火星上看见的运河吗？

记得，那是高智商的外星人修建的运河，它们利用运河为火星的沙漠提供水源。

你还记得你用自己制造的一架独特的望远镜观看运河吗？你还花了数年时间制成运河地图……

是吗？

你见鬼了！飞抵火星的太空船已经证实，那里根本没有运河！

这太令人尴尬了——真是羞死人了！

你的确是死人！

81

糟糕的事实是，两艘美国"维京"号太空船于1976年登陆火星，它们发现火星缺乏生命生存所需的基本物质。你在地球唾手可得的生存条件——温度、水、空气——在火星一一欠缺。听一听诚实博士告诉你的坏主意吧——他会以优惠价把火星卖给你……

诚实博士出售二手星球

> "诚实博士诚实可爱——他睡着了就不会作恶。"
>
> 诚实博士的母亲

火星

酷极了！

大小适中！

绝不发霉！

色彩诱人！

▶ 嗯，它已经有46亿岁了，这可以说是一件名副其实的古董——真的很古老！

▶ 大小适中！感觉很好——有些买家不喜欢大星球。

▶ 颜色火红，绝非生锈。好吧，也许岩石有些锈迹，不过，这是它的特色。

▶ 火星上有点冷，但正如我妈妈说的，冷一点儿不会死人的。嗯，虽然会致命，说不定也能促进健康呢！

▶ 火星上现在有些干涸，但至少你不会受湿气的困扰。为什么不来火星实地考察一番呢？你一定会喜欢这里的！

超低价发售！

只需700 000 000.12英镑，你就可以拥有火星——这是我割价倾销，绝不是向你们开刀（噢，当我没说过吧！）

诚实博士广告背后的真相……

不要被"大小适中"这个华丽措辞所欺骗。可怕的事实是：火星很小，它小得难以留住表面的东西。在数十亿年前，火星曾经有大量的空气和水。舒适的大气层像毯子一样为火星保暖，使活水能够存于火星上。但正因为火星比地球小，它的引力不足以牵引住大气层，结果大气层散逸了。太阳的紫外线使火星上的水转化成水蒸气，散失到太空中。因此现在到火星观光，感觉就像在极度低温的冰天雪地上开睡衣派对一样刺激。

路加，那是什么？

路加·向尚写道……

诚实博士的广告也不是全错的——生锈的事情他说对了。岩石中的铁已经生锈，因此人们称火星为"红色星球"。要是从地球上看火星，你会发现它的颜色比在太空里看到的还要红！

这样看来火星并不舒适，但生物能在那里生存吗？

很意外，答案不是"不能"，答案是"嗯……"这是我的想法，或许你要自己作判断？那么你应该穿上法官袍（其实睡袍也可以），拿张椅子坐在你专用的审判庭里（卧室也可以），听取两位顶尖科学界律师的辩论……

正方：艾思·斯塔尔
观点：火星存在生命

反方：路加·向尚
观点：火星不存在生命

路加，请你发言！

路加：火星上存在生命？不可能！那里没有水，而且天气冷得要命。当"维京"号太空船利用机器对火星的土壤做测试时，没有发现生命存在的证据。

艾思：法官阁下，我反对！那个测试显示有化学变化，那可能是由微生物引起的。

路加：那只是一个化学反应罢了！

时间到了，你认为谁有道理呢？

好吧，现在由主张火星存在生命的正方发言……

艾思：火星现在的确相当干涸——但它曾经出现过湖泊和河流，这意味着曾经有水，有过生命。

或许那里仍然有冰，甚至在地底深处还有地下水，或许

微生物

微生物会存活在这些地方。地球上的微生物并不挑剔生存的环境，它们也是寄居在冰和深层地下的。

路 加：法官阁下，我反对正方
发言总是说"或许"！

时间到了，你认为谁有道理呢？

艾 思： 1996
年，科学家在一块
取自火星的陨石里发现
了化石微生物，这是证物A。

路 加：反对，那只是一块又旧又丑的陨
石块。那些所谓的化石微生物太
小了，不能算是真正的微生物。

艾 思：不过它可能是微生物用来游水的鞭毛
啊。陨石发生的化学变化可能是由微生物引起的。

时间到了，你认为谁有道理呢？

路 加： 好吧——你看看这个！1932年，有
一个科学家宣称在火星的岩石里发现了微生物。后来证实那是人
类鼻涕里的细菌。这是证物B。

艾 思：真恶心！

双方律师结案陈辞的时间……

路 加： 火星是不可能存在生命的。即使曾经存在过生命
（这一点缺乏证据），也不表示现在就有生命存在！

艾 思：火星可能曾经发生过大爆炸，携带微生物的陨石散落到地球上，把生命带到地球。因此，我们的祖先可能是来自火星的外星人！

路 加：难道你说我也是个火星怪物吗？

艾 思：你也够怪里怪气的！

嘿，大家别吵了，我们只是研究科学，对生命作全面的认识，反省人类在宇宙的角色，除此以外，我们并没有深仇大恨。噢！或者我说得太多了——天啊！路加，你受伤了！

你肯定不知道！

1995年，两位科学家密歇儿·梅厄和迪德·奎洛兹，在日内瓦大学观测到一颗名为飞马座51的恒星发生微弱的摇摆。后来他们发现，这是由于围绕其运转的一颗大质量行星的引力所致。从那时起，科学家们随后发现了无数的行星，并发现许多恒星也有自己的行星，就像我们的太阳系一样。（在2003年，他们甚至发现了一颗即将被巨大恒星吸引，然后发生爆炸的行星。）总而言之，外星人很可能就藏匿在宇宙的某一处……

不过仍然没有证据！

岩石路

我有一种预感，这场争论会一直延续下去，没完没了。我有一个好主意，我们也继续我们的旅程——向木星进发吧！慢着，这是什么……有人在路上堆了很多石头！

还记得那些巨大的太空岩石吗？它们都是小行星。在火星与木星之间飘浮着100多万颗小行星，下面是它们的资料……

黏糊糊的太空档案

名称：小行星

基本资料：

1. 小行星是太阳系形成时剩下来的碎石块。

2. 最大的小行星于2001年被发现，它的直径有1200千米，表面凹凸不平，没有空气。有谁需要一块超大型的门闩啊？

3. 小行星的数量足以结合成一个与月球一般大小的星球，甚至比月球还大一些。

4. 很不幸，由于木星引力的拉扯，使小行星不能聚在一起成为一颗行星。真可怜啊！

5. 2000年，科学家发现一颗形状酷似狗咬过的骨头的小行星。

泡泡狗，那不是一块真的骨头！

抓住了！

诚实博士小行星收集飞船

6. 有些小行星的确是两个石块靠引力拉扯聚在一起形成的，有的甚至拥有如足球般大小的迷你卫星。

黏糊糊的秘密：你想成为百万富翁吗？许多小行星蕴涵珍贵的矿物，比如铁和铂，它们都价值连城。

驾驶太空飞船去取一颗小行星回来，你就能成为太阳系最富有的人了。（诚实博士正在打这个主意呢！）

88

小行星命名测验

有这么多小行星在太空漫游，天文学家们为它们起各式各样的名字也不足为奇吧？以下哪两项不是小行星命名的根据呢？

a）斯波克先生，美国20世纪60年代的科幻电视剧《星空奇遇记》中的一个角色

b）一种布丁

c）一家船运公司

d）一支流行乐队

e）一种著名的洗衣粉品牌

小行星和奶油蛋糕

答案

a）的确有一颗小行星名为斯波克，但这是取自一位天文学家养的精力充沛的小猫！猫的名字才是取自那位电视剧人物——不过如果你认为这是正确的，也可得半分。

e）我想天文学家都不喜欢做家务。

正确

b）哈乐威是黎巴嫩的一种甜品，由糖、磨碎的芝麻和柠檬汁混合制成，非常美味。但你要是把哈乐威小行星咬一口的话，牙齿准会掉光！

c）韩帕是德国一家船运公司的名字。

d）这是全太空唯一一处能看见20世纪60年代著名的流行乐队——"披头士"各成员聚在一起的地方。让我们为这些小行星欢呼吧——列侬、麦卡特尼、哈里森和史达，只可惜它们不会唱歌。

哎——我们终于安全通过小行星带了。现在向大行星——木星进发！嗯，希望我们不要向木星直接撞过去，那可小命不保啊……

木星　前进！

巨大的木星和自大的土星

如果把木星比作人，它一定是个凶巴巴的大块头、恃强凌弱的坏蛋，它的卫星则是它的手下。现在，就让我们来认识这个太阳系中最粗鲁、最凶恶的集团。

木星集团

木老大 →
木卫一 →
木卫二 →
木卫三 ←
木卫四 ←

木老大仗着自己比别的行星大，坏事做尽。太空警察正在追捕它……

太阳系警察部行星调查记录

对，我认得木老大。它是太阳系里一个惹人讨厌的一级犯罪头子。见过它的人都不会忘记它——面上长着大红斑，拥有水桶腰（我猜是因为它吞吃太多小行星的缘故）。

如今，木老大是一个强大而且贪婪的家伙，我的意思是它的引力大得惊人。它手下有四颗庞大的卫星和许多颗小卫星，小卫星的力量非常薄弱，只不过比拍马屁的家伙强一点儿，干不了大事。

最近一段时间，我们接到投诉，有人说木老大正对它的一个手下，名叫木卫一的卫星施加热力。由于木老大不可抗拒的引力作用，加上另外几颗卫星的协同作案，可怜的木卫一正从内部开始熔化。这帮道德败坏的家伙真是无药可救！对木星另一项指控是，木老大利用引力使小行星加速，让它们冲向地球。

报告长官，木星是我多年打击太空犯罪活动以来，碰到的最阴险的家伙，它常备一支辐射枪，是极度危险的人物。嘻——我只是一名警察，不要问我辐射枪的运作原理。这个卑鄙的家伙借助某种磁力，从太阳那里获取辐射，然后向周围的卫星猛烈攻击！它甚至连隔壁的邻居土星先生也不放过！

对待木星最好的办法，就是把它关押起来，然后把钥匙丢掉，判它终身监禁！

你知道吗？

木星就像自助沙拉里的菜虫一样惹人讨厌。

现在，又到讲一段难以置信的太空故事的时段了，外星人来到了太阳系旅程的其中一站——木星……

 精灵泡泡外星人探险团

木星危险重重，一想到要去那里，我聪明的脑袋就像被铁锤敲打一样，疼得要命。

　　可是那些智商欠佳的鼻涕虫不知道因为什么无聊的原因，偏偏要靠近木星观察。太近了，危险啊！

泡泡星球档案

☀ **名　称**：木星

☀ **直　径**：140 000千米

☀ **与地球体积相比较**：比地球大1321倍

☀ **与地球引力相比较**：比地球的引力强2.5倍

☀ **卫　星**：4颗大卫星和许多颗小卫星——很可能原来是小行星，因受木星引力作用而成为卫星。

☀ **日长度**：9个地球小时又51个地球分钟

☀ **年长度**：11.8个地球年

☀ **大气层**：主要是氢，还有少量的氦。我的侦测器探测到，氢受到木星引力的挤压变成液体，木星表面无法着陆。

☀ **天气预测**：坐稳些，精灵泡泡——我们将会遇上风暴。木星上的大红斑其实是一团巨大的风暴，它已经持续刮了300多年，预测今天也会刮风。即使身处木星周围也不安全，因为它的辐射强度足以摧毁泡泡星球。

☀ **旅行小贴士**：远离这个星球！

你明白了吧？

基于以上原因，我在一个安全的距离，向鼻涕虫们介绍木星的景观。

▶ 中部凸出——木星自转得很快，使中部位置有点向外凸出。

▶ 暗云带——因相对低温的气体向木星表面下沉而形成。

▶ 大红斑——是一团巨大的风暴，风力的强度足以扫平一幢摩天大楼。斑点的颜色有时会变成灰色——也许这是因为木星涂了面霜吧，淅沥淅沥。

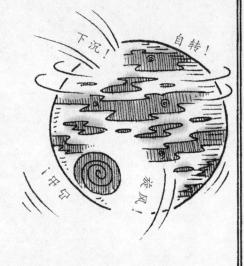

嗯——水桶腰、大红斑……木星的外貌让我想起黏液懒虫，不过她脸上的斑是绿色的。鼻涕虫们似乎对木星不感兴趣了，她们的三只眼睛都盯住木卫三。

我们决定到木卫三来一场太空溜冰，鼻涕虫们很喜欢这项运动，因为他们不费吹灰之力就可以滑动……

就在这时，一颗小行星撞到木卫三的冰层上，砸出一个大洞。当然，黏液懒虫掉了进去！

木卫三的冰层厚达数千米，而冰层下的海洋也深达100千米。黏液懒虫刚掉进去，她上面的冰马上冻结在一起。我们唯一能做的事，就是眼睁睁地看着一切发生！

为了使湿落皮闭嘴，最后我只好把黏液懒虫救出来。我开动太空船的引擎融化冰面，然后把黏液懒虫从水中捞上来。

冰冷的环境马上把黏液懒虫冻成冰块。在等待它融化苏醒时，我认为大家在木卫三已经受够了。

重要的科学笔记

科学家认为木卫三的海洋中可能有生命存在。它们可能是外星微生物，也可能是巨型的蠕虫（类似地球深海中的蠕虫）。可是精灵泡泡竟然不去我我看……真可惜！

令人惊讶的卫星

即使不存在蠕虫，木星的众多卫星也够古怪的！我有一个奇怪的想法——木星的卫星是什么味道的呢？欢迎阅读太阳系第一本太空烹饪书！

太空烹饪书

欢迎各位星际美食家光临！肚子饿了吗？为什么不尝尝食谱上的美食呢？所有菜式均采用木星惯用的烹饪方法烹调！

木卫一薄饼

材料：

▶ 几百万吨岩石

▶ 硫黄（分量视个人口味而定）

▶ 氢

1. 混合配料，放在已预热的木星附近（约42.16万千米），借助其引力和辐射线烹调。

2. 待46亿年，木星将材料煮至岩石熔化，即成。

恶臭！

警告：混合配料会变得很烫（局部温度高达摄氏500度），内层配料不断向外涌，散发出臭鸡蛋的气味，不过吃起来味道很不错！

木卫三熔浆

材料：

▶ 几百万吨岩石

▶ 足够填满地球海洋的水

▶ 外星微生物和巨型蠕虫（若你爱吃这些东西）

1. 将岩石搓成球形，注满水。

2. 冷冻直至球面表面结冰，内部则仍然保持液体状态。

食谱变化：

若想球体更脆，可以采用木卫二烹饪法，轻轻地敲裂球体，延长冷冻时间。你也可以直接把岩石和冰混合，搓成球体（木卫四烹饪法）。方法就是这么简单，尽情地享用卫星大餐吧，祝你胃口大开！

噢！你不喜欢吃这种卫星大餐吗？我们该离开木星，到土星去看看了。真巧，我们下一章太空故事刚好开始……

精灵泡泡外星人探险团

黏液懒虫及时从冰块中挣脱出来，赶上看见了土星。这位没头脑的外星人当然被土星的光环弄糊涂了。

噢——那是一个戴帽子的地球生物！

我长叹一声后，向太空电脑查询土星的资料。太空电脑也长叹一声，显示出……

泡泡星球档案

❋ **名称：土星**

❋ **直径：** 120 500千米

❋ **与地球体积相比较：** 比地球大764倍

☀️　**与地球引力相比较：** 只有地球引力的1.16倍，因为土星由很轻及引力微弱的气体组成。如果把土星丢到足够大的大水缸里，它会浮起来呢！

☀️　**卫星：** 要数清楚土星有多少颗卫星是件可怕的差事，因为它们多得难以计数。直径达20千米以上的卫星约有22颗，或者更多，我的侦测器可能遗漏了一些。其中最大的卫星（直径为5150千米）是上卫六。

☀️　**日长度：** 10个地球小时又38个地球分钟

☀️　**年长度：** 29.5个地球年

☀️　**大气层：** 由氢和氦组成，类似木星。

☀️　**天气预测：** 天气极端恶劣！风速达到每小时1800千米。没有固体表面可供着陆，有晕船或晕机的危险，或同时晕船晕机。

☀️　**旅行小贴士：** 带好大型防风衣和大量呕吐袋。

看着土星的光环美景，我告诉鼻涕虫们这些成千上万的光环是如何形成的，每一道光环怎样由闪亮的冰粒和碎石组成，冰粒和碎石可能来自爆炸后的彗星。光环靠引力聚在一起，卫星在光环之间运转……

大大小小的冰粒和碎石！

后来，我发觉鼻涕虫们并没有听我的话。

我决定叫醒那些打鼾的鼻涕虫……

我们泡泡星球的生物最爱放风筝了。糟糕，土星的风力太强了……

　　精灵泡泡真幸运！你不想近距离观看土星光环吗？当然，你可以用一台精确的望远镜观看光环的实况。但是如果你没有望远镜也没关系，现在就教你一个好方法：

土星光环

　　所需物品：

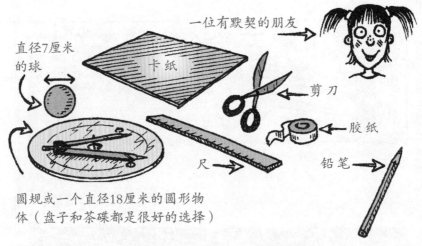

直径7厘米的球

卡纸

一位有默契的朋友

剪刀

胶纸

尺→

铅笔→

圆规或一个直径18厘米的圆形物体（盘子和茶碟都是很好的选择）

　　步骤：

　　1. 用圆规或其他用具在卡纸上画一个直径18厘米的圆，画出来的圆的直径要比球的直径大11厘米。把圆剪下来。

　　2. 在圆形纸内剪下一个直径10厘米的同心圆，制成一个圆环。

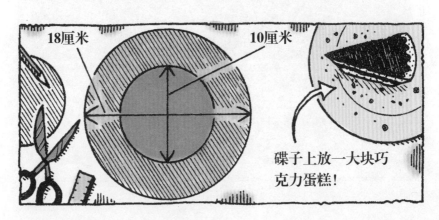

18厘米　　　　　　10厘米

碟子上放一大块巧克力蛋糕！

3. 用胶纸把球粘到圆环卡纸上。

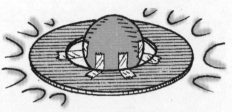

4. 做得好，你刚刚做了一个土星模型！请你的朋友双手拿着模型，站在距离你15米左右的地方。开始时端平模型，然后倾斜。

用巧克力蛋糕收买你的朋友

好味道！

像这样

嚼呀！　嚼呀！

然后这样

注意：

圆环处于水平面时，由于圆环很薄，而且距离你很远，你不会看见它。土星的真实情况也一样。土星以一个倾角自转，从地球上看，土星的光环每隔15年就会消失一次，其实它不是真的消失了，只是土星光环水平面正对地球，因此在地球上看不见光环。

光环呢？

换一个角度就能看到了……

我看到光环了！

你肯定不知道!

　　土星的光环宽27万千米，但厚度只有30米。如果把光环等比例地缩小成一个板球场或棒球场的大小，光环的厚度不会比这页纸厚。

卫星之最

　　现在我们把目光从光环上移开，我要告诉大家几条大新闻!诚实博士刚卖给我一张太阳系最盛大晚会的门票，这个土星之离奇卫星颁奖典礼，就好比太空的奥斯卡颁奖典礼一样星光熠熠!

土星之离奇
卫星颁奖典礼

　　所有星星都争先恐后地参加这次星光灿烂的盛会!以下是本届土星之离奇卫星各项获奖名单……

　　最疯狂卫星奖两位得奖者分别是……土卫十和土卫十一。嘻，它们都干了些什么呢?每隔4年就互换运转轨道。它们是无聊还是疯了?

最疯狂
卫星

最丑陋
卫星

　　最丑陋卫星奖得主是……土卫三!它的脸上有一条大裂缝，有谁认识给星星做整形手术的医生吗?

最令人垂涎卫星奖得奖者是……土卫七！它的样子像一个巨型汉堡包，有谁想吃快餐？

最佳衣着卫星奖得主是……土卫八！它身穿可爱的黑白条纹斑马套装，非常时尚——转一个圈来看看吧！

现在宣布万众期待的奖项——土星狂野卫星之王……得奖者是……土卫六！没错，土卫六是所有卫星中最疯狂的一个！与太阳系其他卫星不同，土卫六的大气层由浓厚的氮组成，呈橙色。土卫六上可能存在甲烷海洋（甲烷是一种化学物质，常见于煤气和牛屁），我想土卫六一定是一颗空前绝后的哞哞卫星！

在此我要感谢在过去40亿年里所有帮助过我的人，特别是土星。正因为我的体温只有零下180摄氏度，某些人就认为我很冷酷，其实我是很热情的，只要你不介意被冻成僵尸，欢迎大家来探望我。

我希望你不介意有点冻僵的感觉。因为太阳系旅程余下的几个行星，都是非常、十分、极度寒冷的地方！你有胆量跟上吗？

你可以借用我那顶泡泡星球的泡泡帽来保暖！

奇特的外围行星 →

太阳系的奇妙之处在于，无论你多么怪异、另类，或者违反常规，绝对没有谁会介意。说到怪异、另类和反常，以下三颗怪僻而且寒冷的行星表现最为突出，它们就是天王星、海王星和冥王星*……

＊此书成书时，冥王星还没有被"开除"出行星行列。

以天王星为例，天王星真的很不寻常，它距离太阳出奇的远，约28.71亿千米。它自转得很奇怪，由于它的自转轴几乎和公转平面平行，因此看起来就像在公转的轨道上滚动，像一个失控的杂技艺人在不停地翻筋斗一样。我想诚实博士要售出天王星并不容易……

诚实博士出售二手行星

"我儿子从不说一句谎话，他通常是无数句谎话一起说的。"诚实博士的母亲

天王星

好好享受漫长且炽热的夏日吧！

多可爱的运动员啊——这颗行星真有型！先生们，这颗行星独一无二！一旦拥有它，你会受到朋友们的嫉妒，它的翻滚动作是多么特别啊！

如果身处天王星的南极点，你可一直享受42个地球年的夏季，太阳从不下山——接下来是一连42个地球年的冬季。哦，该死！我不该提起冬季的！

无论如何，11 000 000 000.12英镑卖给你，十足低价——我是说真的！

嗯，看来天王星挺好玩的！我们继续讲下一章太空故事吧，外星人登陆天王星了……精灵泡泡在天王星会有什么遭遇呢？

精灵泡泡外星人探险团

游览太阳系的旅程临近尾声了，我巴不得鼻涕虫们早些离开。但是我该如何清理他们留在太空船上的黏糊糊的绿色鼻涕呢？

下一站是天王星，但我们只能在空中观看，因为太空电脑显示天王星的资料，建议不要登陆天王星……

泡泡星球档案

☼ **名　称**：天王星

☼ **直　径**：52 000千米

☼ **与地球体积相比较**：比地球大63倍

☼ **与地球引力相比较**：比地球引力稍弱

☼ **卫　星**：5颗主要卫星，最少15颗较小的卫星。

☼ **日 长 度**：17个地球小时又12个地球分钟

☼ **年 长 度**：84个地球年

☼ **大 气 层**：氢和少量氦。大气层顶层含有甲烷，因此呈绿色。

☼ **天气预测**：风有点大，不过风速只有每小时300千米。与土星相比，风势较小。

☼ **旅行小贴士**：表面没有陆地可供降落，千万不要冒险。

老实说，我不喜欢天王星。它的颜色让我想起晕机时的鼻涕虫。天王星的卫星看上去就像多余的泡泡节礼物一样令人厌烦。我只好向鼻涕虫们介绍天王星最有意思的地方，但很快就能讲完……

▶ 天王星像土星一样有光环，可是天王星的光环厚度只有1.6千米，由黑色的岩石组成，不易看见。

▶ 天王星的其中一颗卫星叫天王卫五，它的表面布满跑道似的沟壑，外形帅极了——淅沥淅沥，其中有一道沟壑被称为天王星徽章！天王卫五以前可能被小行星撞成碎块，后来依靠引力重新组合成现在的样子。

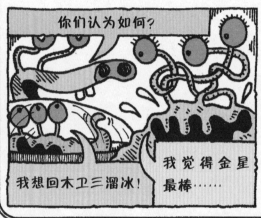

你肯定不知道！

1. 天王星的一些卫星是取名自莎士比亚戏剧里的人物的，例如：提坦号（天王卫三）和奥伯龙（天王卫四）都是来自《仲夏夜之梦》。该剧还有一个叫宝特姆的名字被用作卫星名，不过科学家好像已经换掉这个名字了！

2. 还有一颗卫星叫帕克（天王卫十），在帕克上有名叫笨蛋、野人、妖怪的环形山。不要误会，这不是我的主意！

发现行星的过程

现在做一道智力题——要成功发现一颗行星，需要动用多少个天文学家？

嗯，以海王星为例，答案是"相当多"。不用吃惊，因为从地球上看，海王星像一颗恒星。要辨别海王星是否是行星，难度好比大海捞针！

经过长时间的研究，两位年轻的科学家亚当斯（1819—1892）和勒威耶（1811—1877）终于发现了海王星，并计算出了它的运行轨道。现在分别把他们关在不同的房间里，请他们讲述发现海王星的经过。故事始于1841年，当时的人还不知道海王星的存在……

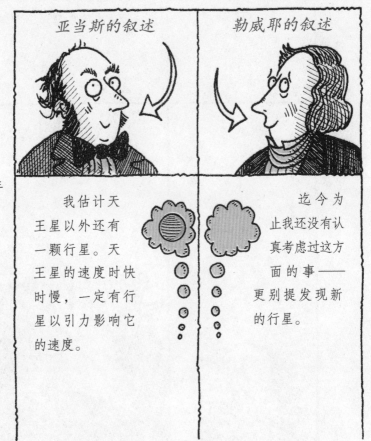

亚当斯的叙述

勒威耶的叙述

1841年

我估计天王星以外还有一颗行星。天王星的速度时快时慢，一定有行星以引力影响它的速度。

迄今为止我还没有认真考虑过这方面的事——更别提发现新的行星。

107

	亚当斯的叙述	勒威耶的叙述
1845年	我已经计算出那颗行星的位置啦！我要请天文学家乔治·艾里帮我把它找出来。	我估计天王星以外还有一颗行星，也算出了它的位置，我在一本科技杂志上发表这个发现，并打算请巴黎一流的天文学家协助找它。
1846年	哎——没有回应！我曾经三次登门拜访艾里，可他总不在家。	哎——他们也没有帮我找。于是我请了德国柏林天文学界的好朋友们帮忙。
1846年下半年	我联络上艾里了，他请来顶级天文学家詹姆斯·查理士帮助寻找新星，可是到现在还没有消息。眼看荣誉就要擦身而过了！	哟嗬！德国人在我计算的位置发现了新的行星，荣誉归我啦！！！ 干杯！

那么究竟是谁发现海王星的呢？

a）亚当斯。他是第一个指出海王星运转轨道的人。

b）勒威耶。他准确地指出海王星的位置，而且在科学领域里，发现新事物的荣誉归第一个在科学刊物发表文章的人，这个人就是勒威耶。

c）德国天文学家约翰·加勒和亨利希·达雷斯特，他们最先找到海王星。

路加有何高见？

大多数天文学家会说是亚当斯和勒威耶共同发现的，不过有些人认为发现者是伽利略！因为远在他人之前，这位了不起的意大利人就用自己制造的望远镜观察到了海王星，但他以为那是一颗恒星。

尽管如此，当亚当斯和勒威耶碰面后，两人仍不失风度，相处融洽，只是语言交流有些不便。（嗯，据称勒威耶是法国最粗鲁的男人，因此亚当斯听不懂他的话倒省去了不少麻烦……）

你好，你这个想偷去我名誉的英国佬！*

握手！

遇上你真是不幸！

★我们把他说的法语翻译成中文。

你也许认为海王星的发现过程像一场闹剧，但事实上，其中的细节比我讲的还要复杂许多。海王星似乎不想被人发现！

对——别烦我！

在亚当斯之前，许多人都认为天王星以外还存在一颗行星，但就是没有人肯花时间去寻找。

这工作大概很烦吧！

詹姆斯·查理士曾观测到海王星，但他以为那是一颗恒星。有一天晚上本来是观测海王星的最佳时机，可他当时却正在和朋友喝茶。

哈哈！你错失机会了，老友！

柏林天文台长约翰尼·恩克（1791—1865）同样错过了观测行星的时机，因为他参加晚会去了。

用香槟酒杯来观测太空吧！

现在接着讲我们的太空故事。外星人寻找海王星时会遇到困难吗？

精灵泡泡外星人探险团

　　借助太空超高速全方位航空系统，我们不费吹灰之力就找到海王星了。它的外表与天王星很相似，以致骗过了鼻涕虫们的眼睛……

　　我指出海王星的甲烷云比天王星的更易识别。呸！

　　凡是外星人都能看出来！我用太空电脑来查找海王星的资料，同时提醒鼻涕虫们要留心听着。

泡泡星球档案

☀ 名　称：海王星

☀ 直　径：48 000千米

☀ 与地球体积相比较：比地球大58倍

☀ 与地球引力相比较：比地球和天王星的引力稍强

☀ **卫星**：13颗。最大的一颗是海王卫一，直径达2705千米。

☀ **日长度**：16个地球小时又6个地球分钟

☀ **年长度**：165个地球年

☀ **大气层**：大部分是氢，少量氦和一点点甲烷。

☀ **天气预测**：灾难级天气预报！风暴强度超过土星！预计风速达到每小时2000千米。精灵泡泡，收起风筝吧！大气层顶部会下甲烷雪，不过在落地前就会融掉。

☀ **旅行小贴士**：若你敢靠近海王星，精灵泡泡，我就把你的电脑游戏全部删掉！

我们只好再次在安全的距离，给鼻涕虫们介绍海王星的景观……

▶ 海王星有4个光环（颜色暗淡，不易识别）。

▶ 海王星上有一个和地球大小相当的风暴，它的名字叫大黑斑，它与海王星自转方向呈逆向流动。

▶ 一团叫滑行船的云团环绕海王星流动，流动速度比大黑斑还要快。

▶ 海王卫一是太阳系中唯一一颗与其绕行的行星反方向运转的卫星。海王卫一的南极点由凝固的氮组成，呈粉红色。其余的地方则覆盖着冰。

　　鼻涕虫们一听说海王卫一上有冰，就吵着要到那里。他们在木卫三溜冰玩得很高兴，因此想到海王卫一再过一把瘾。但太空电脑警告说，海王卫一的温度低至零下235摄氏度，是太阳系最寒冷的地方，去那儿玩太可怕了。但是，你认为鼻涕虫们肯听话吗？

　　鼻涕虫们在这个结冰的卫星上玩得很痛快，一切似乎都很正常，直到我们要离开时……

运气太好了，原来太空船刚好停泊在液氮喷泉上。液氮从泉口喷涌而出，就像地球上的天然温泉。喷出的液氮转化成氮气——那股冲力足以将我们推上太空，使引擎启动起来。

于是我们出发去冥王星了*……

说到冥王星，首先要知道它是非常遥远的——平均距离有51.93亿千米。难怪美国天文学家克莱德·汤博（1906—1997）花了13年时间，研究了4500万颗星星的运行方式，才找出冥王星这颗行星来。我敢说他的脖子一定累歪了。

　*冥王星是太阳系中第十二大的围绕太阳旋转的天体。起初，它被认为是太阳系中的一颗大行星，但是在2006年8月24日于布拉格举行的第26届国际天文联合会中通过决议，将冥王星划为矮行星。

谁是冥王星的发现者？

给年轻读者的有趣题目

要知道，有一件事情比发现行星更困难，那就是给行星取名！假设要你为附近的地方取名，或许你会用上朋友的名字……

你可以用你兄弟姐妹的名字给臭气熏天的池塘起名，也可以用老师的名字给脏兮兮的垃圾堆起名（这是个垃圾主意）。

一定有人对你起的名字感到不满……

情况就跟克莱德·汤博给新发现的行星取名时一样……

还记得第80页的帕西瓦尔·洛弗尔吗？他一直在寻找冥王星，可惜到死仍未能如愿。他的妻子想把那颗新发现的行星取名洛弗尔星（我想这比帕西星好听），但后来她改变主意，认为新行星应当以自己的名字——卡斯特思来命名。

洛弗尔的天文学家朋友不同意她这样做，因为以前发现的行星都是以古罗马天神的名字来命名的，比如战神马尔斯（Mars）和保护神朱庇特（Jupiter）。《纽约时报》提议用智慧之神密涅瓦（Minerva）作为新行星的名字。

愤怒的天文学家

这时，有一个英国人想出了一个更好的名字，令情况更加混乱。不可思议的是，这个人只有11岁，她的名字叫威尼斯·伯妮。

我为新行星取名

威尼斯·伯妮

最近我们在学校里学习行星的知识。一天，我的老师史密斯先生把一个黄色的圆圈贴在操场的墙壁上，圆圈的直径跟我的手臂差不多长。

"这是太阳，"史密斯老师说，"现在我们向外走，看看行星与太阳的距离有多远。"

史密斯老师带领我们走过操场，他一直计算着自己走了多少步。他走得很快，鞋子开始"咯吱咯吱"地叫。走到第30步时，史密斯老师弯下身子，在地上放下一粒很小很小的种子。

"这就是水星。"他喘着气说。

"呵——这么小？"我们眯着眼看着种子说。就这样，我明白了行星与太阳相比是多么的微小，彼此相隔是多么的遥远。

地球则变成了一粒躺在校外人行道上的湿软的豌豆，我们向操场的圆圈望去，现在它看起来很小呢。这时，我的朋友艾美不小心踩到豌豆上，"你刚刚毁灭了整个地球！"我说，"啊——巨人的脚从天而降，把我们都踩扁了！"

我们沿大街一直走，穿过公园，直到摆放土星的位置才停下来。看来太阳系真是无边无际啊！这时，史密斯老师像火车一样喘着粗气，他的鞋响得像几只老鼠一起打架一样，他的脸红得像多汁的西红柿。

117

他不停地用一条大斑点手帕擦去额头上的汗珠。

"第1019步！"史密斯老师气喘吁吁地说，"这个高尔夫球就是土星！"

我们已经看不到代表太阳的圆圈了，但史密斯老师说，如果真正站在土星上看，太阳就像一颗明亮的星星那么小。

艾美打了个寒战说："我想土星上一定很冷。"

史密斯老师看看表，说："我们只能走到这里，天王星与太阳的距离是土星与太阳距离的2倍，而海王星则是再多3倍的距离。"

谢天谢地，史密斯老师不打算带我们走到海王星。

那天下午，史密斯老师给我们讲了古罗马众神的故事。就这样，我知道行星都是取名自众神的，但我注意到，有些神还没有自己的行星。

几星期后，我第一次听说发现新行星的事。当时，妈

我的行星呢？

朱庇特-木星
（Jupiter）

维纳斯-金星
（Venus）

墨丘利-水星
（Mercury）

冥王星
（Pluto）

妈、爸爸、爷爷和我正在吃早餐。爷爷如常大声地读报，新闻如常地单调乏味。我不想听，于是大声地咀嚼多士，结果爸爸不耐烦地瞪了我一眼。

"吃东西不能发出那么大的声音，威尼斯。"爸爸说。

这时，爷爷刚好读到有关新行星的报道，我的耳朵立刻竖起来。

"这是个了不起的发现，"爷爷说，"可是天文学家们不知道该如何称呼它，这颗新行星距离太阳十分遥远……"

我马上想到一个绝妙的名字。"叫冥王星好了！"我说。"吃东西时不要说话！"妈妈尖声说。我知道冥王是古罗马掌管阴间的神灵，阴间一定像这颗行星一样又黑又冷。

爷爷兴致勃勃地看着我。

"噢！"他大叫起来，把报纸放到餐桌上，多好的名字啊！我要把它记下来，等会儿打电话给老朋友特纳先生，他在大学的天文台工作，看看他对这个名字有什么意见。"

特纳先生很喜欢这个名字，为此他特意给发现者汤博先生发了个电报告诉他。汤博先生的同伴也很喜欢这个名字，并决定以它来命名。

为行星取名十分容易！我迫不及待地期待着发现下一颗行星，不过它们太远了，我不会到那里去！

汤博先生

你肯定不知道！

如果威尼斯的老师带领学生们走到冥王星，他们将会发现冥王星是学校3.7千米外的一颗大头针。难怪天文学家几经辛苦才发现了冥王星！但要找出冥王星的运转轨道却更加困难，因为冥王星的轨道很奇怪，它呈一个拉长的椭圆形，与太阳最远的距离可达73.9亿千米。

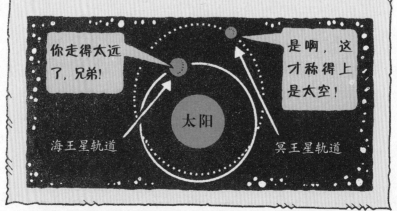

与此同时，鼻涕虫们继续漫长的太空旅程……

精灵泡泡外星人探险团

我们需要航行半天才能到达冥王星。但只过了5分钟鼻涕虫们就开始不耐烦了……

真——无——聊！

等到冥王星终于进入视线范围时，鼻涕虫们一点儿也不感动。

就是它？

行驶60亿千米，就是为了看这个东西？

我用太空电脑查找冥王星的资料。鼻涕虫们说得对……冥王星真的不值一游！

泡泡星球档案

☀ **名　称**：冥王星

☀ **直　径**：2300千米

☀ **与地球体积相比较**：把160个冥王星装进地球里仍然绰绰有余。

☀ **与地球引力相比较**：几乎是零。

☀ **卫　星**：只有一颗，叫冥卫一。它围绕冥王星公转一圈需要一个冥王星日的时间。也就是说，它与冥王星同步运转。如果站在冥王星上，你会看到冥卫一差不多每天都处于天空的同一位置。

☀ **日长度**：6个地球日又10个地球小时

☀ **年长度**：248个地球年

☀ **大气层**：一点儿甲烷和氮

☀ **天气预测**：寒冷一直持续！事实上，当冥王星运行到距离太阳最远时，冥王星的整个大气层都会结冰，然后落到地上，情形比在海王卫一上洗一个冷水浴还要糟糕！

☀ **旅行小贴士**：穿上太空服，带着大量热饮。

可以看出鼻涕虫们的心里（共有8个心脏）根本不想到冥王星游玩。

提示年轻读者……

你对冥王星也没什么好感吗？抱歉！嗯，如果冥王星让你感觉有些冷（听得明白吗？），下面特别介绍一种科学舞蹈，让你热身的同时，可以解释为什么冥王星和冥卫一总是保持同一面相对……

冥王星自转的秘密

所需物品：

▶ 两个人，父母或者老师，还有你！（你扮演冥卫一，另一个人扮演冥王星。）

▶ 一些流行音乐

警告年轻读者

只要知道冥王星比你大就足够了，千万不要问大人有关体重的事！

步骤：

1. 冥王星的双手紧紧抓牢冥卫一的双手。

2. 开始播放音乐……

3. 两人开始旋转、旋转……

抓住舞伴双手开始旋转！转啊转啊转啊转，就像冥王星那样不停地转！

注意：

哇，真有趣！冥卫一旋转的圆圈比冥王星的大，冥王星以强大的引力控制住冥卫一绕大圈旋转，并保持在固定的轨道上。

要知道，有一些天文学家认为冥王星根本算不上行星。他们认为冥王星尽管拥有一颗卫星和少量大气，但是它太小了，称不上是一颗行星。这种说法不无道理，因为在海王星之外的太空区域，悬浮着成千上万颗岩石和冰的结合物，而冥王星只不过是其中一员。天文学家们将这个区域称为柯伊伯——埃奇沃斯带。

你肯定不知道！

2002年，科学家在柯伊伯——埃奇沃斯带发现了一颗迷你行星，它只有冥王星的一半大，名字叫瓜奥瓦，取名自曾居住在现在的洛杉矶地区的印第安人汤瓦部落的创世之神。瓜奥瓦——是那种牙医让你张大嘴巴时发出的声音吗？

朋友们，我们的旅程要结束了。关于太阳系的东西讲得差不多了，你也学到了不少知识吧！如果我的旅程能继续下去当然好，但是已没有什么东西可讲了，除非你认为还应该讲一下奥尔特云。奥尔特云是一个以太阳为中心旋转、延伸达2光年的宽广区域，由众多岩石及冰组成的大球体。奥尔特云有几分像散落在无垠旷野的雪球……

彗星的变化

虽然奥尔特云听起来遥不可及，但有一些雪球会不时靠近太阳老家，我们称之为"彗星"。故事是这样发生的……

1. 远方的太阳利用引力把彗星推进。

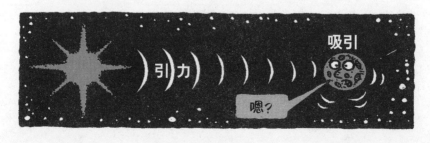

2. 太阳的引力使彗星往太阳方向呼啸而去。

3. 当彗星接近太阳时，彗星开始受热熔化，太阳风把熔化了的灰尘和气体向后推，形成一条长达几百千米的彗尾。当彗星逐渐远离太阳时，彗尾会被太阳风吹到彗星的前方，所以彗尾永远背向接近太阳。

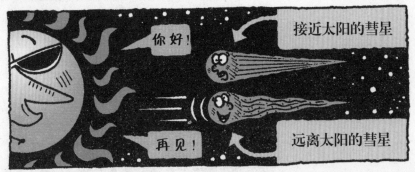

地球每年都会掠过彗星熔化后剩下的尘埃和岩石的区域。当尘埃和岩石落入地球大气层受热燃烧时，我们会观察到名叫流星雨的免费灯光表演。流星瞬间划破黑暗的夜空，美丽无比；数数流星的数量、猜猜下一颗流星出现的时间，更是无比兴奋的事。以下提供了观看流星雨的最佳日期……

届时你可以在天空的任何一方，特别是东半球观赏到流星雨。

当然，彗星的碎片很小，不足以危及地球。但体积大的彗星，如一些类似小行星的东西，便会带来重击，不过危险性也不大！嗯，等等，快去看看太空故事吧，精灵泡泡的太空船发生什么事了？

噢——我泄露机密了！你最好赶快翻看下一页，不然就赶不上世界末日了！

世界末日大预演

电影制造商最钟爱的题材莫过于山崩地裂的灾难片——数十亿元的制作费、惊天动地的大爆炸和不可思议的特技效果，都令他们趋之若鹜。但你是否想过，真正的灾难是怎样的？我们真的会遭遇太空飞来的横祸而毁于一旦吗？哦，对了，我们的科幻故事是怎么讲的？

你一定会感到很高兴，因为所有疑问都会在本章中找到答案……请继续往下读！

首先要说的是，大多数讲述地球从太空中毁灭掉的电影都是编造出来的，它们完全缺乏科学根据，在现实中根本不可能发生。

真伪测试

下面是诚实博士二手DVD商店的影碟精选。

诚实博士特惠 货篮内买二送一。

1.以下哪5张影碟的情节可能成为事实，哪3张影碟的情节是随意编造的呢？

2.可能成为事实的5张影碟的情节中，哪些会在未来100年内发生？

末日降临

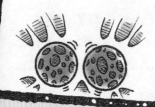

　　魔咒生效！当九大行星连成一线时，相互间的引力使地球发生大地震以及暴风雨！2000年5月5日晚上8点零8分，世界末日降临——快到床底下去躲避吧！

外星人入侵

　　他们来自另一个星球，誓要夺取比萨饼，把我们当成豆形软糖吃掉！

吞噬星系

啊!

救命!

唔!

呀!

恐怖至极!一个庞大无比的星系吞噬整个银河系,地球将被吸进恐怖至极的黑洞里去!

夺命笑星

地球上某一天,平静如常……突然一颗恒星爆炸,放射出的辐射使大气变成惹笑气体……

我们快要笑死了!

129

狂热

太阳

太阳成了一个赤红的火球,它把水星熔化,把金星蒸发,现在誓要毁灭地球。一齐来体验终极的晒太阳感觉吧!这部影片正在火辣辣热卖中!

流星雨杀手

太空岩石从天而降，数百万人被砸破脑袋，无处可逃，让人惊恐万分！

致命接触

一颗巨型彗星与地球相撞，数十亿人粉身碎骨，令人不寒而栗。

小行星浩劫

巨大的小行星与地球相撞，所有生命不复存在，不禁引人尖声呼叫！

呀！

答案

1. 有点科学根据的电影：c）、d）、e）、g）和h）。不可能实现的电影：a）、b）、f）。

2. 有可能在未来100年内发生的电影情节是h）。

你肯定想知道为什么有些电影可能变成现实，另一些则只是天方夜谭……在路加的帮助下，我已经找出了答案。让我们从不可能实现的电影开始讲吧。

地球绝不会以下列三种方式毁灭……

1.行星连线

2000年的时候，从地球上可以看到太阳系的其他行星连成一线的景象，一些人担心它们的引力会影响地球，引发灾难。事实呢？影响不大。其他行星的引力还不及太阳和月球对地球的影响大呢。

2.外星人入侵

路加马上提醒我，至今没有发现外星人存在的证据。即使真的有外星人，他们如何跨越数百光年的太空来到地球呢？就算他们能够来到地球，为什么要入侵地球呢？如果他们是那么聪明，他们应该有能力利用太空中的化学物质制造一切所需物品，根本没必要掠夺地球。

131

你要知道……如果外星人真的存在，在他们眼里你同样也是外星人！

啊！外星怪兽！

3. 流星雨

听到每年有2万吨太空岩石坠落地球，你会被吓晕吧！其实这些岩石绝大多数是小行星爆炸后的碎块，当它们在快速划过大气层时叫流星，落到地面上则被称为陨石。不用怕——几乎所有流星在降落到地面前已化为灰烬。过去唯一被陨石砸中并夺去生命的只有一条狗，这事于1911年在埃及发生。

愿你安息
克利奥
1899-1911

好奇怪的墓碑。

地球毁灭的四种可能方式（但近几百万年内不会发生）

1. 被黑洞吞噬

电影中，银河系被另一个星系吞噬，这种情形的确有可能！一种叫食星族（我喜欢这名字）的星系，凭借自身引力拉近其他星系，并逐渐吞噬它们。事实上，我们的银河系就属于食星族，目前它正吞噬一个名叫人马座的矮星系！

我们自己也有可能遭遇同样的命运，一个名叫仙女座的巨型星系目前正以时速64.36亿千米朝银河系的方向移近，我们很可能会和它合并成一体，形成一个更大的星系。许多星系（包括银河系）的中心都有黑洞存在，当两个星系发生挤压时，某些恒星就会掉进其中一个星系的黑洞里。很惊慌吗？不用怕，仙女座30亿年后才来到银河系，因此你有足够时间读完此书，然后慢慢找个地方躲起来！

2. 被大型恒星干扰

如果一颗大型恒星在地球附近爆炸，我们就完蛋了。爆炸产生的辐射会使地球大气变质，变成一氧化二氮，也就是笑气。听来很好玩，是吗？但问题在于，强烈的辐射能把人类活活烤熟，把大海蒸干。不用慌忙躲进太空船逃命啊，我们附近并没有即将爆炸的恒星，所以最少在几十亿年内，地球都是平安无事的。

3. 被太阳烤熔

太阳算不上是一个大型恒星，也不会发生爆炸。但太阳正在逐渐膨胀，到最后把地球熔化掉。请看下面热辣辣的故事……

当太阳耗尽所有氢燃料，太阳的中心（或叫内核）会开始塌缩。

塌缩太阳内核的剩余物质互相挤压，温度不断升高。

这种变化使太阳外层像气球一样膨胀起来。

随着太阳外层不断膨胀，太阳的温度由白热降至炽热，这温度依然足以把人类烤成烧焦的面包干。接着，太阳外层脱落散失到太空中，而内核则塌缩成一颗细小的、发亮的白矮星。害怕了？不用担心，太阳大爆炸在未来50亿年内都不会发生。

4. 与彗星相撞

彗星是结实得像岩石的冰球，因此在地球生活，就像躲避一群扔雪球玩耍的顽童一样刺激，但是当遇上一些直径超过5千米的大雪球时，情况就……不过绝大多数的彗星都撞不到地球，因为它们都落在数百万千米以外的地方。大约隔5亿年，地球才会遭受一次彗星撞击。

下面还剩下一部可能变成现实的电影……

被小行星重创！

每隔一亿年，地球才会受到一颗体积庞大得足以毁灭全人类的小行星撞击，幸好时间算不上频繁。科学家估计，从地球形成至今共遭受过300万颗大小不等的小行星撞击。每隔100年左右，就会遇上几次规模足以毁灭城市的碰撞。庆幸的是，这些撞击没有发生在我们的城市……

路加·向尚对影碟《小行星浩劫》很感兴趣，于是从诚实博士处买来看看。

噢！路加，至少你还可以读读我们的太空故事。提醒一句，故事讲到一颗小行星正冲着地球飞来，它的速度比子弹还要快一倍。真正的灾难降临了……

精灵泡泡外星人探险团

我们调频接通地球的电视信号，看看人类在做些什么……

一颗小行星正冲着地球飞来！

它的直径达10千米，足以摧毁地球上的一切！

10千米

小行星撞击地球的威力相当于全球炸弹爆炸威力的总和。切勿惊慌！这不是世界末日，这应当是……

模拟撞击场面

现在是天气预报……

热

撞击区域方圆1000千米的地区将非常酷热，导致头发着火，眼球熔化……呀——我要赶快逃命了！

　　我想，从远距离观看撞击的场面应该是很有趣的，可是鼻涕虫们不同意。

　　基于某种原因，他们认为必须阻止这场灾难发生。正当我用泡泡激光枪瞄准小行星，准备把它炸成碎片时，太空电脑阻止了我……

泡泡星球档案

　　精灵泡泡，不要发射激光！小行星爆炸后的碎块会对地球造成更严重的破坏。以下是地球科学家设想的解救办法，以供参考：

　　1. 在小行星附近引爆炸弹，使其偏离原有轨道。

　　2. 在小行星上安置一枚火箭，使其偏离原有轨道。

　　3. 用一个足够大的气枕撞击小行星（这建议是2002年一位科学家想出来的）。

　　我们没有炸弹，没有火箭，也没有气枕。既然帮不上忙，我想做观众也不错啊。但是黏液懒虫想出了另一个办法……

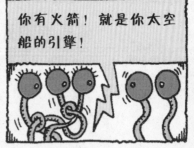

　　1000个地球年以来，黏液懒虫第一次想出一个主意，而且——这个主意竟然行得通！

　　哈哈——外星人拯救地球！他们不愧是太空明星啊！我想知道他们回家后会面临怎样的处境呢。

精灵泡泡外星人探险团

回到泡泡星球后，我受到英雄式的欢迎。但糟糕的是，鼻涕虫们似乎更受大家的注意。

我们获邀参加一个盛大的派对……不过至少我没有在派对上出丑！

尾声：
太空无极限

我们又回到了自己的家——蓝蓝的、闪亮的地球。我知道这样做有点笨，但是就太阳系而言，没有哪里比我们的家更好了。地球是人类唯一能栖身的行星……现在你已经了解到其他星球的生态条件，相比之下，你还是情愿住在地球上吧？

宇宙广阔无边、险象环生，而且在不断变化。但另一方面，太空是美丽而且神秘的。最吸引人的是，太空尚有很多事物有待发掘。本书始于一部电影，止于一段故事，但在现实生活中，人类对太空的探索才刚刚开始。未来，一定有数不清的……

▶ 新行星等待我们发现。

▶ 新恒星等待我们研究。

▶ 也许有新朋友等待与我们见面……